高 等 院 校 教 材

金属材料及热处理
习题集与实验指导书

（第二版）

史 文 柏斯森 等编著

上海科学技术出版社

图书在版编目(CIP)数据

金属材料及热处理习题集与实验指导书/史文等编著.—2版.—上海:上海科学技术出版社,2010.8(2023.6重印)
ISBN 978-7-5478-0474-2

Ⅰ.①金... Ⅱ.①史... Ⅲ.①金属材料-高等学校-教学参考资料②热处理-高等学校-教学参考资料
Ⅳ.①TG1

中国版本图书馆CIP数据核字(2010)第146962号

高等院校教材
金属材料及热处理习题集与实验指导书(第二版)
史 文 柏斯森 等编著

上海世纪出版(集团)有限公司
上海科学技术出版社 出版、发行
(上海市闵行区号景路159弄A座9F-10F)
邮政编码 201101 www.sstp.cn
常熟市华顺印刷有限公司印刷
开本 787×1092 1/16 印张 4.5
字数:100千字
1982年5月第1版
2010年8月第2版 2023年6月第35次印刷
ISBN 978-7-5478-0474-2/TG·16
定价:12.00元

内 容 提 要

本书为《金属材料及热处理》一书的配套习题集与实验指导书，分为习题集、实验指导书和附表三部分，内容涉及金属的结构与结晶，金属的塑性变形与再结晶，合金的结构与结晶，铁碳合金，钢的热处理，合金钢、铸铁、有色金属及其合金，机械零件选材及其工艺路线分析等，以及其配套的实验指导内容，如金属材料硬度实验，铁碳合金平衡组织观察，碳钢的热处理，碳钢热处理后的显微组织观察，结构钢的淬透性测定，合金钢、铸铁、有色合金的显微组织观察等。

本书可作为高等院校机械制造冷加工各专业《金属材料及热处理》教材的配套用书。

第二版前言

本书为《金属材料与热处理》教材的配套教学辅导材料，内容包括“习题集”、“实验指导书”和“附表”三部分。伴随着《金属材料与热处理》一书的出版，本书也走过了30多年的历程，累计印数已达90多万册。

本书习题题目的设计注重理论联系生产实际，立足于培养学生分析问题和解决问题的能力。实验内容侧重于金相显微组织观察和基本检测设备（金相显微镜、硬度机）的使用，使学生在金相实验基本技能方面得到初步训练。30多年的长久不衰和90万册的印数彰显了原编写者的深厚理论功底和丰富的实践经验。

故本次修订时，笔者仅对原书内容中的明显错误进行了校正，并尽可能使用了最新的国家标准。由于笔者水平有限，不妥之处在所难免，敬请读者批评指正。

2010年7月

编　者

第一版前言

本书是根据1980年召开的“一机部部属院校《金属材料及热处理》课程第一次协作会议”的决定，为适应高等学校机械制造冷加工各专业加强该课程的习题和实验教学环节的需要而组织编写的，可作为该课程的辅助教材，与目前试用的《金属材料及热处理》基本教材配套使用。

本书分为“习题集”与“实验指导书”两部分，在内容深广度上基本符合教学大纲的要求。习题集的题目，力求重点突出，联系生产实际，立足于培养学生分析问题和解决问题的能力。实验指导书除介绍金相显微分析基础知识外，包括六个实验，每个实验均按二学时安排，实验内容侧重于金相显微组织的观察和检测设备（金相显微镜、硬度机）的使用，使学生在金相实验基本技能方面得到初步训练，并有利于巩固和深化课堂上学到的知识。本书习题和实验都不必全做，各专业课根据不同需要自行选择。

本书习题集部分由上海工业大学史美堂主编并编写第六、七、八、九章，王定宇编写绪论及第一、二、三、四章，徐肖云编写第五章，由哈尔滨工业大学杨金凤和陕西机械学院孙广锡、黄漱梅主审；实验指导书部分由太原重型机械学院柏斯森编写（蔡琼尔、李永善、巫秀兰协助摄制了部分金相照片），由天津大学杨世俊和陕西机械学院陈兰芬、吴冠美主审。

本书在编写过程中得到了机械工业部教育局和教材编辑室的热情支持，陕西机械学院、天津大学、哈尔滨工业大学、湖南大学、合肥工业大学、上海机械学院、沈阳机电学院、华南工学院、东北重型机械学院、上海铁道学院、哈尔滨电工学院、华东纺织工学院、南京航空学院、浙江化工学院、天津轻工业学院、太原重型机械学院、上海工业大学等院校向编者提供了本校的同类资料以资参考，天津大学金相实验室还为实验指导书提供了部分金相照片，在第二次课程协作会议上各院系代表对本书初稿提出了宝贵的意见，谨表示衷心的感谢。

由于编者水平所限，书中难免存在不少缺点和错误，恳切希望同行和读者批评指正。

编者

1982年5月

目　录

习 题 集

绪　　论

1. 学习本课程的主要目的是什么？为什么金属材料及热处理知识对于机械制造工作者是必须具备的？

2. 金属材料的性能包括哪几方面？

3. 解释下列常用力学性能指标：

(1) σ_b；(2) σ_s；(3) σ_{-1}；(4) $\delta\%$；(5) $\psi\%$；(6) a_k和A_k；(7) HB,HRC,HV。

4. 举例说明在日常生活用品中,哪些是用钢铁制造的？哪些是用有色金属及合金制造的？

5. 钢铁和有色金属及合金的性能,可通过什么途径加以改变？其微观组织和结构常用什么方法加以研究？

6. 本课程主要包括哪几方面内容？其基本要求是什么？

第一章　金属的结构与结晶

1. 解释下列名词：

晶体,非晶体,金属键；

晶格,晶胞,晶格常数,致密度,配位数；

晶面指数,晶向指数；

晶体的各向异性,同素异构(晶)转变；

点缺陷,线缺陷,面缺陷,亚晶粒,亚晶界,位错；

单晶体,多晶体；

过冷度,形核率(N),成长率(G),自由能差(ΔF)；

变质处理,变质剂。

2. 常见的金属晶体结构有哪几种？它们的原子排列和晶格常数有什么特点？α－Fe、γ－Fe、Al、Cu、Ni、Pb、Cr、V、Mg、Zn 各属何种晶体结构？

3. 已知 Cu 的原子直径为 0.256nm,求 Cu 的晶格常数,并计算 1mm^{3}Cu 中的原子数。

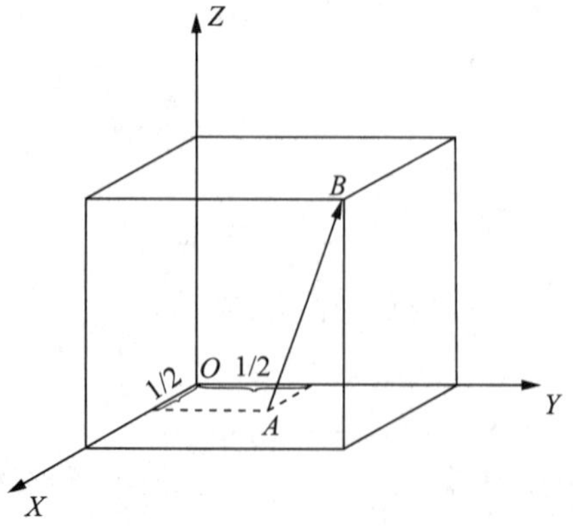

(题 1－5 图)

4. 在立方晶体结构中,一平面通过 $y=\frac{1}{2}$、$z=3$ 并平行与 X 轴,它的晶面指数是多少？试绘图表示。

5. 在立方晶体结构中,AB 晶向如左图所示,求 AB 的晶向指数。

6. 体心立方晶格中的{110}晶面,包括几个原子排列相同而空间位向不同的晶面？试绘图表示。

7. 在面心立方晶格中,哪个晶面和晶向的原子密度最大？

8. 为何单晶体具有各向异性,而多晶体在一般情况下不显示出各向异性？

9. 过冷度与冷却速度有何关系？它对金属结晶过程有何影响？对铸件晶粒大小有何影响？

10. 金属结晶的基本规律是什么？晶核的形成率和成长率受到哪些因素的影响？

11. 在铸造生产中,采用哪些措施控制晶粒大小？在生产中如何应用变质处理？举例说明。

12. 简述铸钢锭的组织与缺陷。

13. 如果其他条件相同,试比较在下列铸造条件下,铸件晶粒的大小：

(1) 金属模浇注与砂模浇注；

(2) 高温浇注与低温浇注；

(3) 铸成薄件与铸成厚件；

(4) 浇注时采用振动与不采用振动；

14. 为什么钢锭希望尽量减少柱状晶区,而铜锭、铝锭往往希望扩大柱状晶区？

第二章　金属的塑性变形与再结晶

1. 解释下列名词：

(1) 滑移,滑移系,滑移线,滑移带,孪生；

(2) 软位向,硬位向；

(3) 加工硬化,回复,再结晶；

(4) 织构,临界变形度。

2. 指出下列名词的主要区别：

(1) 弹性变形与塑性变形；

(2) 韧性断裂与脆性断裂；

(3) 再结晶与二次再结晶；

(4) 热加工与冷加工；

(5) 丝织构与板织构。

3. 金属的塑性变形有哪几种方式？在什么条件下会发生滑移变形？说明滑移的机理,它与孪生有何区别？

4. 说明下列现象产生的原因：

(1) 滑移面是原子密度最大的晶面,滑移方向是原子密度最大的方向；

(2) 晶界处滑移的阻力最大；

(3) 实际测得的晶体滑移所需的临界切应力比理论计算的数值小；

(4) Zn、α-Fe、Cu 的塑性不同。

5. 画图说明体心立方、面心立方和密排六方等三种常见晶体结构的滑移面、滑移方向及滑移系。

6. 为什么细晶粒钢强度高,塑性、韧性也好？

7. 多晶体塑性变形有何特点？在多晶体中,哪些晶粒最先滑移？

8. 金属经冷塑性变形后,组织和性能发生什么变化？

9. 分析加工硬化对金属材料的强化作用。

10. 金属塑性变形造成哪几种残余应力？残余应力对机械零件可能产生哪些利弊？

11. 说明回复在工业上的应用。

12. 金属的再结晶温度受到哪些因素的影响？再结晶退火前后组织和性能有何变化？

13. 金属铸件能否通过再结晶退火来细化晶粒？为什么？

14. 已知金属 W、Fe、Cu 的熔点分别为 3380℃、1534℃、1083℃，试估算这些金属的最低再结晶温度范围。

15. 为什么生产中一般应尽量避免在临界变形度这一范围内加工变形？

16. 用冷拔紫铜管通过冷弯的方法制造机器上的输油管，为了避免开裂，弯前应进行什么热处理？

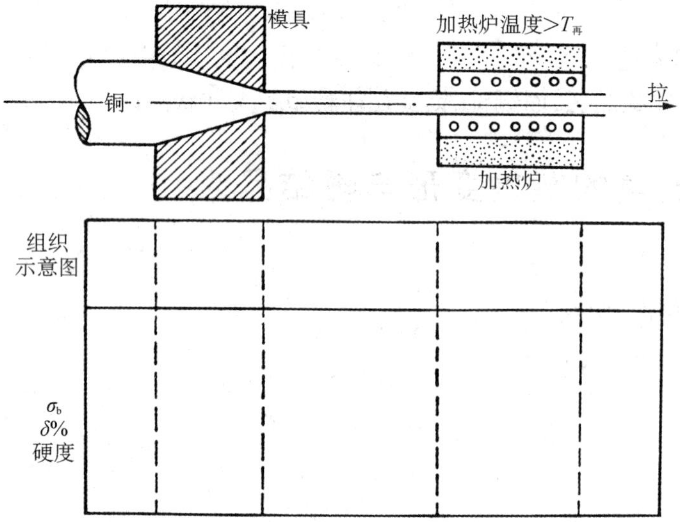

（题 2－17 图）

17. 拉制半成品铜丝的过程如左图所示。试绘出不同阶段的组织与性能变化示意图，并加以解释。

18. 在室温下对铅板进行弯折，愈弯愈硬，而稍隔一段时间再行弯折，铅板又像最初一样柔软，这是什么原因？

19. 用冷拔钢丝缠绕的螺旋弹簧，经低温回火后，其弹力要比未经回火的好，这是为什么？

20. 在冷拔钢丝时，如果总变形量很大，则中间需穿插几次退火工序，这是为什么？中间退火温度选多高合适？

21. 热加工对金属组织和性能有何影响？钢材在热变形加工（如锻造）时，为什么不出现硬化现象？

第三章　合金的结构与结晶

1. 解释下列名词：

（1）合金，组元，相，相图；

（2）固溶体，金属间化合物，机械混合物；

（3）晶内偏析，比重偏析。

2. 指出下列名词的主要区别：

（1）置换固溶体与间隙固溶体；

（2）无序固溶体与有序固溶体；

（3）无限固溶体与有限固溶体；

（4）电子化合物与间隙化合物；

（5）间隙相与间隙固溶体；

（6）稳定化合物与不稳定化合物；

（7）相组成物与组织组成物。

3．下列元素在 $\alpha-Fe$ 中形成哪几种固溶体？

Si，C，N，Cr，Mn，B。

4．影响固溶体的结构形式和溶解度的因素有哪些？

5．置换原子与间隙原子的固溶强化效果哪个大些？为什么？

6．金属间化合物在结构和性能方面与固溶体有何不同？常见的金属间化合物有几种类型？它们对合金的性能有何影响？

7．试述固溶强化、加工硬化和弥散强化的强化原理，并说明三者的区别。

8．何谓共晶反应、包晶反应和共析反应？试比较这三种反应的异同点。

9．Pb－Sn 相图如右图所示。

（1）试标注尚未标出的相区和组织；

（2）指出组织中含 β_{II} 最多和最少的成分；

（3）指出组织中共晶体最多和最少的成分；

（4）指出最容易和最不容易产生枝晶偏析的成分；

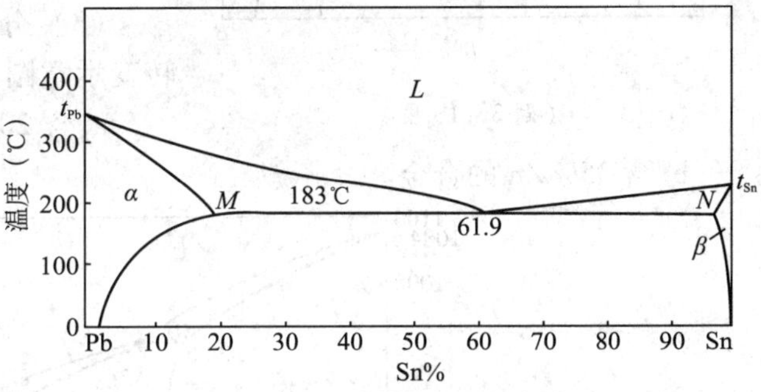

（题 3－9 图）

（5）初生相 α 及 β，共晶体 $\alpha+\beta$，二次相 α_{II} 及 β_{II}，它们在组织形态上有何区别？画出它们的组织示意图。

10．根据上题图，说明含 28% Sn 的 Pb－Sn 合金在下列各温度时组织中有哪些相，并求出相的相对量。

（1）高于 300℃；

（2）刚冷到 183℃，共晶转变尚未开始；

（3）在 183℃，共晶转变完毕；

（4）冷至室温。

11．已知 A（熔点 600℃）与 B（熔点 500℃）在液态无限互溶；在固态 300℃时 A 溶于 B 的最大溶解度为 30%，室温时为 10%，但 B 不溶于 A；在 300℃时，含 40% B 的液态合金发生共晶反应。现要求：

（1）作出 $A-B$ 合金相图；

（2）分析 20% A、45% A、80% A 等合金的结晶过程，并确定室温下的组织组成物和相组成物的相对量。

12．一个二元共晶反应如下：

$$L(75\%B) \Leftrightarrow \alpha\,(15\%B) + \beta\,(95\%B)$$

（1）求含 50% B 的合金完全凝固时：

a．初晶 α 与共晶$(\alpha+\beta)$的重量百分数；

b．α 相及 β 相的重量百分数；

c．共晶体中 α 相和 β 相的重量百分数。

（2）若显微组织中测出β初晶与$(\alpha+\beta)$共晶各占一半，求该合金成分。

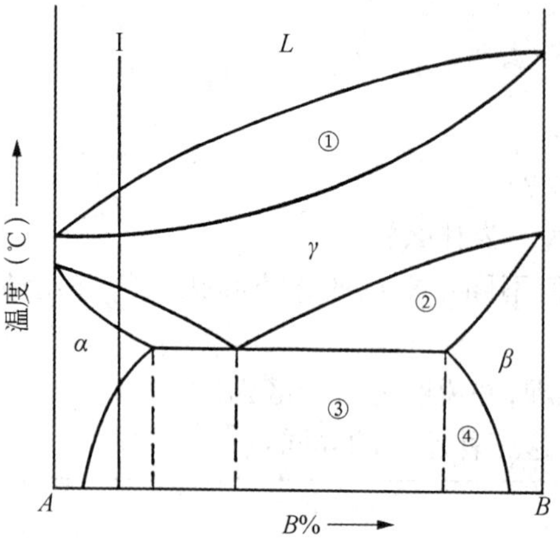

（题 3－13 图）

13. 某合金相图如左图所示。

（1）试标注①～④空白区域中存在相的名称；

（2）指出此相图包括哪几种转变类型；

（3）说明合金 I 的平衡结晶过程及室温下的显微组织。

14. Cu－Zn 合金相图如下图所示。

（1）试标注各空白区域存在相的名称；

（2）分别说明①、②、③、④、⑤、⑥各水平线上进行的反应；

（3）分析下列合金平衡结晶过程，并画出组织转变示意图。

a. 含 20% Zn 的合金；

b. 含 35% Zn 的合金。

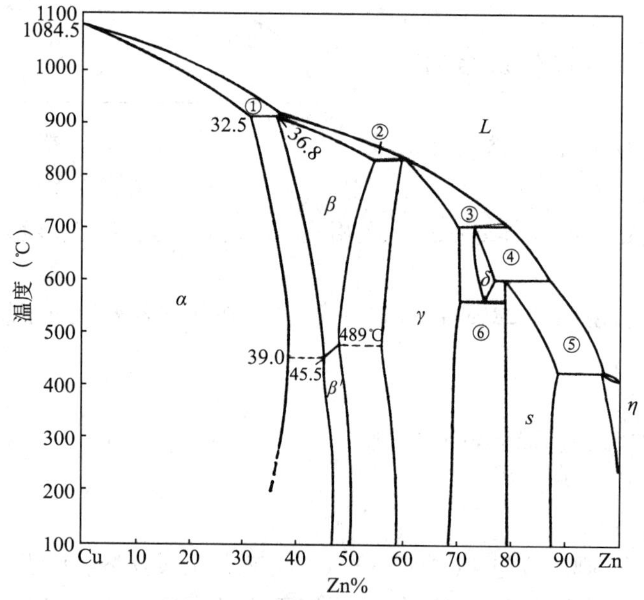

（题 3－14 图）

15. 有形状、尺寸相同的两个 Cu－Ni 合金铸件，一个含 90% Ni，另一个含 50% Ni，铸后自然冷却，问哪个铸件的偏析较严重？

16. 二元匀晶相图、共晶相图与合金的力学性能、物理性能和工艺性能存在什么关系？

17. 为什么铸造合金常选用接近共晶成分的合金？为什么要进行压力加工的合金常选用单相固溶体成分的合金？

第四章　铁碳合金

1. 何谓金属的同素异构转变？试画出纯铁的结晶冷却曲线和晶体结构变化图。

2. 简述纯铁的性能和用途。

3. 为什么 $\gamma-Fe$ 和 $\alpha-Fe$ 的比容不同？一块质量一定的铁发生 $\gamma-Fe \xrightarrow{910℃} \alpha-Fe$ 转变时，其体积如何变化？

4. 何谓铁素体(F)、奥氏体(A)、渗碳体(C)、珠光体(P)、莱氏体(Ld)？它们的结构、组织形态、性能等各有何特点？

5. 画出 $Fe-Fe_3C$ 相图，指出图中 S、C、J、H、E、P、N、G 点、及 GS、SE、PQ、PSK 各线的意义，并标出各相区的相组成物和组织组成物。

6. 简述 $Fe-Fe_3C$ 相图中三个基本反应：包晶反应、共晶反应及共析反应，写出反应式，注出含碳量及温度。

7. 何谓碳素钢？何谓白口铁？两者的成分、组织和性能有何差别？

8. 分析含碳量分别为 0.20%、0.60%、0.80%、1.0% 的铁碳合金从液态缓冷至室温时的结晶过程和室温组织。

9. 说明含碳量分别为 3.2%、4.3% 和 4.7% 的铁碳合金的结晶过程和室温组织。

10. 指出下列名词的主要区别。

(1) 莱氏体与变态莱氏体；

(2) 一次渗碳体、二次渗碳体、三次渗碳体、共晶渗碳体与共析渗碳体；

(3) 热脆与冷脆。

11. 根据 $Fe-Fe_3C$ 相图，计算：

(1) 室温下，含碳 0.6% 的钢中珠光体和铁素体各占多少；

(2) 室温下，含碳 1.2% 的钢中珠光体和二次渗碳体各占多少；

(3) 铁碳合金中，二次渗碳体和三次渗碳体的最大百分含量。

12. 某工厂仓库积压了许多碳钢(退火状态)，由于钢材混杂，不知道钢的化学成分，现找出其中一根，经金相分析后，发现其组织为珠光体 + 铁素体，其中铁素体占 80%，问此钢材的含碳量大约是多少？

13. 对某退火碳素钢进行金相分析，其组织的相组成物为铁素体 + 渗碳体(粒状)，其中渗碳体占 18%，问此碳钢的含碳量大约是多少？

14. 对某退火碳素钢进行金相分析，其组织为珠光体 + 渗碳体(网状)，其中珠光体占 93%，问此碳钢的含碳量大约是多少？

15. 根据 $Fe-Fe_3C$ 相图，说明产生下列现象的原因：

(1) 含碳量为 1.0% 的钢比含碳量为 0.5% 的钢硬度高；

(2) 在室温下，含碳 0.8% 的钢其强度比含碳 1.2% 的钢高；

(3) 变态莱氏体的塑性比珠光体的塑性差；

(4) 在 1100℃，含碳 0.4% 的钢能进行锻造，含碳 4.0% 的生铁不能锻造；

(5) 钢锭在 950 ~ 1100℃ 正常温度下轧制，有时会造成锭坯开裂；

(6) 一般要把钢材加热到高温(约 1000 ~ 1250℃)下进行热轧或锻造；

(7) 钢铆钉一般用低碳钢制成；

(8) 绑扎物件一般用铁丝(镀锌低碳钢丝)，而起重机吊重物却用钢丝绳(用 60、65、70、75 等钢制成)；

(9) 钳工锯 T8、T10、T12 等钢料时比锯 10、20 钢费力,锯条容易磨钝;

(10) 钢适宜于通过压力加工成形,而铸铁适宜于通过铸造成形。

16. Fe－Fe_3C 相图在生产实践中有何指导意义?有何局限性?

17. 钢中常存杂质有哪些?对钢的性能有何影响?

18. 试述碳钢的分类及牌号的表示方法。

19. 低碳钢、中碳钢及高碳钢是如何根据含碳量划分的?分别举例说明它们的用途。

20. 指出下列各种钢的类别、主要特点及用途:

(1) Q235;(2)08F;(3)45;(4)T12A。

第五章　钢的热处理

1. 何谓钢的热处理?钢的热处理操作有哪些基本类型?说明热处理同其他工艺过程的关系及其在机械制造中的地位和作用。

2. 解释下列名词:

(1) 奥氏体的起始晶粒度、实际晶粒度、本质晶粒度;

(2) 珠光体,索氏体,屈氏体,贝氏体,马氏体;

(3) 奥氏体,过冷奥氏体,残余奥氏体;

(4) 退火,正火,淬火,回火,冷处理,时效处理(尺寸稳定处理);

(5) 淬火临界冷却速度(V_k),淬透性,淬硬性;

(6) 再结晶,重结晶;

(7) 调质处理,变质处理。

3. 指出共析碳钢加热时奥氏体形成的几个阶段,并说明亚共析碳钢及过共析碳钢奥氏体形成的主要特点。

4. 指出影响奥氏体形成速度和奥氏体实际晶粒度的因素。

5. 指出 A_1、A_3、A_{cm}、A_{c1}、A_{ccm};A_{r1}、A_{r3}、A_{rcm}各临界点的意义。

6. 何谓本质细晶粒钢?本质细晶粒钢的奥氏体晶粒是否一定比本质粗晶粒钢的细?

7. 有甲、乙两种钢,同时加热至 1150℃,保温 2h,经金相显微组织检查,甲钢奥氏体晶粒度为 3 级,乙钢为 6 级。由此能否得出结论:甲钢是本质粗晶粒钢,乙钢是本质细晶粒钢?

8. 为什么用铝脱氧的钢及加入少量 Ti、Zr、V、Nb、W 等合金元素的钢都是本质细晶粒钢?奥氏体晶粒大小对转变产物的力学性能有何影响?

9. 将 20 钢及 60 钢同时加热至 860℃,并保温相同时间,问哪种钢奥氏体晶粒粗大些?

10. 珠光体类型组织有哪几种?它们在形成条件、组织形态和性能方面有何特点?

11. 贝氏体类型组织有哪几种?它们在形成条件、组织形态和性能方面有何特点?

12. 马氏体组织有哪几种基本类型?它们在形成条件、组织形态和性能方面有何特点?马氏体的硬度与含碳量关系如何?

13. 何谓连续冷却及等温冷却?试绘出奥氏体这两种冷却方式的示意图。

14. 说明共析碳钢 *C* 曲线各个区、各条线的物理意义,并指出影响 *C* 曲线形状和位置的主要因素。

15. 试比较共析碳钢过冷奥氏体等温转变曲线与连续转变曲线的异同点。

16. 淬火临界冷却速度 V_k 的大小受哪些因素影响？它与钢的淬透性有何关系？

17. 钢获得马氏体组织的条件是什么？与钢的珠光体相变及贝氏体相变比较，马氏体相变有何特点？

18. 将 ϕ5mm 的 T8 钢加热至 760℃并保温足够的时间，问采用什么样的冷却工艺可得到如下组织：珠光体，索氏体，屈氏体，上贝氏体，下贝氏体，屈氏体 + 马氏体，马氏体 + 少量残余奥氏体。在 C 曲线上描出工艺曲线示意图。

19. 退火的主要目的是什么？生产上常用的退火操作有哪几种？指出退火操作的应用范围。

20. 何谓球化退火？为什么过共析钢必须采用球化退火而不采用完全退火？

21. 确定下列钢件的退火方法，并指出退火目的及退火后的组织：

（1）经冷轧后的 15 钢板，要求降低硬度；

（2）ZG270 – 500 的铸造齿轮；

（3）锻造过热的 60 钢锻坯；

（4）具有片状渗碳体的 T12 钢坯。

22. 正火与退火的主要区别是什么？生产中应如何选择正火及退火？

23. 指出下列零件的锻造毛坯进行正火的主要目的及正火后的显微组织：

（1）20 钢齿轮；(2)45 钢小轴；(3)T12 钢锉刀。

24. 一批 45 钢试样（尺寸 $\phi15 \times 10$mm），因其组织、晶粒大小不均匀，需采用退火处理。拟采用以下几种退火工艺：

（1）缓慢加热至 700℃，保温足够时间，随炉冷却至室温；

（2）缓慢加热至 840℃，保温足够时间，随炉冷却至室温；

（3）缓慢加热至 1100℃，保温足够时间，随炉冷却至室温。

问上述三种工艺各得到何种组织？若要得到大小均匀的细小晶粒，选何种工艺最合适？

25. 在生产中常用增加钢中珠光体数量的方法来提高亚共析钢的强度，为此应采用何种热处理工艺？为什么？

26. 淬火的目的是什么？亚共析碳钢及过共析碳钢淬火加热温度应如何选择？试从获得的组织及性能等方面加以说明。

27. 常用的淬火方法有哪几种？说明它们的主要特点及其应用范围。

28. 常用的淬火冷却介质有哪些？说明其冷却特性、优缺点及应用范围。

29. 某钢的等温转变曲线如下左图所示，试说明该钢在 300℃经不同时间等温后，按(a)、(b)、(c)线冷却后得到的组织。

30. 某钢的连续冷却转变曲线如下右图所示，试指出该钢按图中(a)、(b)、(c)、(d)速度冷却后得到的室温组织。

31. 说明 45 钢试样（ϕ10mm）经下列温度加热、保温并在水中冷却得到的室温组织：

700℃，760℃，840℃，1100℃。

32. 有两个含碳量为 1.2% 的碳钢薄试样，分别加热到 780℃和 860℃并保温相同时间，使之达到平衡状态，然后以大于 V_k 的冷却速度冷至室温。试问：

（1）哪个温度加热淬火后马氏体晶粒较粗大？

（2）哪个温度加热淬火后马氏体含碳量较多？

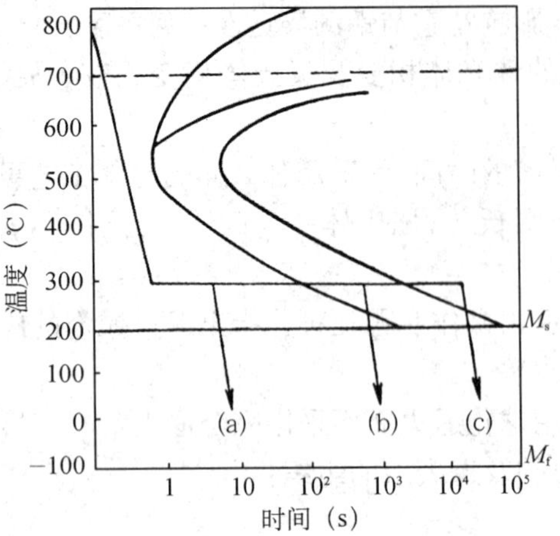

（题 5－29 图）

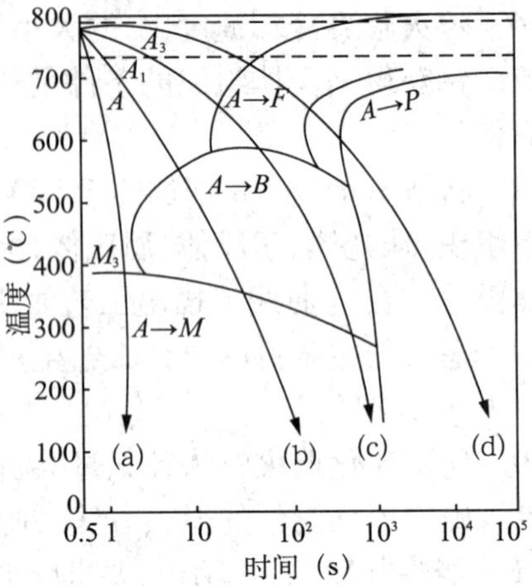

（题 5－30 图）

（3）哪个温度加热淬火后残余奥氏体较多？

（4）哪个温度加热淬火后未溶碳化物较少？

（5）你认为哪个温度淬火最合适？为什么？

33. 指出下列工件的淬火及回火温度，并说明其回火后获得的组织和大致的硬度：

（1）45 钢小轴（要求综合力学性能）；

（2）60 钢弹簧；

（3）T12 钢锉刀。

34. 为什么工件经淬火后往往会产生变形，有的甚至开裂？减小变形及防止开裂有哪些途径？

35. 简述常见淬火缺陷及其产生原因。

36. 淬透性与淬硬层深度两者有何联系和区别？影响钢淬透性的因素有哪些？影响钢制零件淬硬层深度的因素有哪些？

37. 钢的淬硬层深度通常是怎样规定的？用什么方法测定结构钢的淬透性？怎样表示钢的淬透性值？

38. 指出下列符号的意义：

（1）$J\frac{42}{6}$；（2）$J\frac{36}{10-15}$；（3）$J\frac{30-35}{10}$。

39. 机械设计中应如何考虑钢的淬透性？

40. 欲选用 40MnB 制造圆柱形工件，在水中淬火后要求距中心 3/4 半径处的硬度不低于 HRC45，试问工件截面的最大半径可以是多大？40MnB 钢淬透性曲线如下左图所示。

41. 选用 40Cr 钢制造一根 ϕ55mm 的轴。试画出经水中淬火后沿截面的硬度分布图（40Cr 钢淬透性曲线如下右图所示）。

42. 回火的目的是什么？常用的回火操作有哪几种？指出各种回火操作得到的组织、性能及其应用范围。

43. 指出下列组织的主要区别：

（1）索氏体与回火索氏体；

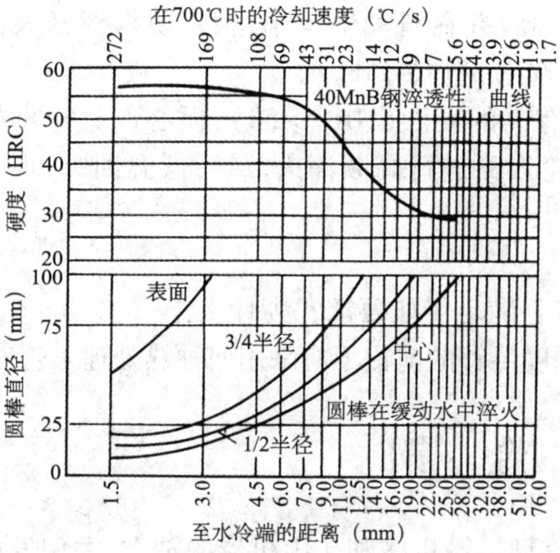

（题 5－40 图）

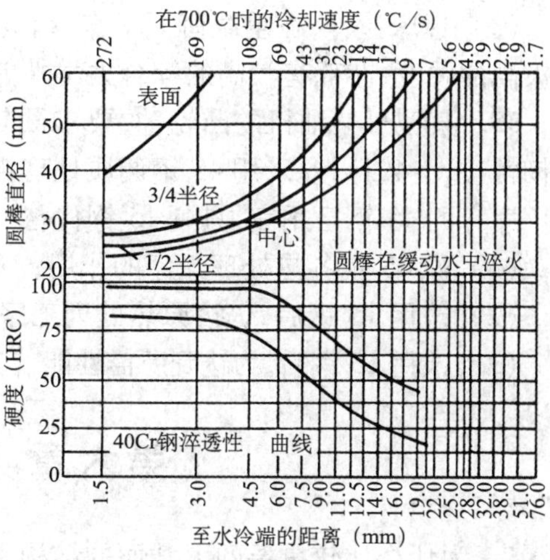

（题 5－41 图）

（2）屈氏体与回火屈氏体；

（3）马氏体与回火马氏体。

44. 甲、乙两厂生产同一批零件，材料均选用 45 钢，硬度要求 220 ~ 250HB。甲厂采用正火，乙厂采用调质，都达到硬度要求。试分析甲、乙两厂产品的组织和性能的差别。

45. 表面淬火的目的是什么？常用的表面淬火方法有哪几种？比较它们的优缺点及应用范围，并说明表面淬火前应采用何种预先热处理。

46. 为了合理分布淬硬区及防止变形开裂，轴类和齿轮类零件感应加热时应注意哪些问题？

47. 化学热处理包括哪几个基本过程？常用的化学热处理方法有哪几种？

48. 渗碳的主要目的是什么？渗碳层深度一般是怎样规定的？试以汽车、拖拉机齿轮为例说明怎样选择渗碳层深度。

49. 试述一般渗碳件的工艺路线，并说明其技术条件的标注方法。

50. 氮化的主要目的是什么？说明氮化的主要特点及应用范围。

51. 碳氮共渗的主要目的是什么？中温气体碳氮共渗与气体渗碳相比有何优缺点？

52. 试说明表面淬火、渗碳、氮化热处理工艺在用钢、性能、应用范围等方面的差别。

53. 拟用 T10 制造形状简单的车刀，工艺路线为：

锻造——热处理——机加工——热处理——磨加工

（1）试写出各热处理工序的名称并指出各热处理工序的作用；

（2）制订最终热处理工艺规范（温度、冷却介质）；

（3）指出最终热处理后的显微组织及大致硬度。

54. 选择下列零件的热处理方法，并编写简明的工艺路线（各零件均选用锻造毛坯，且钢材具有足够的淬透性）：

（1）某机床变速箱齿轮（模数 m = 4），要求齿面耐磨，心部强度和韧性要求不高，材料选用 45 钢；

（2）某机床主轴，要求有良好的综合力学性能，轴颈部分要求耐磨（HRC50 ~ 55），材料选用 45 钢；

(3) 镗床镗杆,在重载荷下工作,精度要求极高,并在滑动轴承中运转,要求镗杆表面有极高的硬度,芯部有较高的综合力学性能,材料选用38CrMoAlA。

55. 某型号柴油机的凸轮轴,要求凸轮表面有高的硬度(HRC > 50),而心部具有良好的韧性(A_k > 40J),原采用45钢调质处理再在凸轮表面进行高频淬火,最后低温回火,现因工厂库存的45钢已用完,只剩15钢代替。试说明:

(1) 原45钢各热处理工序的作用;

(2) 改用15钢后,仍按原热处理工序进行能否满足性能要求?为什么?

(3) 改用15钢后,为达到所需性能,在芯部强度足够的前提下应采用何种热处理工艺?

第六章 合 金 钢

1. 为什么比较重要的大截面的结构零件如重型运输机械和矿山机器的轴类,大型发电机转子等都必须用合金钢制造?与碳钢比较,合金钢有何优缺点?

2. 合金钢中经常加入的合金元素有哪些?怎样分类?

3. 合金元素Mn、Cr、W、Mo、V、Nb、Ni、Si、Al、Co在室温的退火钢中如何分布?它们对钢中基本相有何影响?

4. 合金元素Mn、Cr、W、Mo、V、Ti、Zr、Ni对钢的C曲线和M_s点有何影响?将引起钢在热处理、组织和性能方面的什么变化?

5. 合金元素对回火转变有何影响?

6. 解释下列现象:

(1) 在相同含碳量情况下,除了含Ni和Mn的合金钢外,大多数合金钢的热处理加热温度都比碳钢高;

(2) 在含碳量相同时,含碳化物形成元素的合金钢比碳钢具有较高的回火稳定性;

(3) 含碳量≥0.40%、含铬12%的铬钢属于过共析钢,而含碳量1.5%、含铬12%的钢属于莱氏体钢;

(4) 高速钢在热锻或热轧后,经空冷获得马氏体组织。

7. 何谓渗碳钢?为什么渗碳钢的含碳量均为低碳?合金渗碳钢中常含哪些合金元素?它们对渗碳钢的热处理、组织和性能有何影响?为什么合金元素含量被限制在一定范围之内?为什么常用渗碳钢在渗碳淬火之后都要进行低温回火?

8. 试以15Cr、20Cr、20CrMnTi、18Cr2Ni4W四种钢为例,说明低淬透性、中淬透性、高淬透性合金渗碳钢的热处理、性能及用途特点,并说明合金元素在钢中的作用。

9. 何谓调质钢?为什么调质钢的含碳量均为中碳?合金调质钢中常含哪些合金元素?它们在调质钢中起什么作用?

10. 为什么常用弹簧钢在淬火之后一般要进行中温回火?一般在什么温度范围内回火?回火后的硬度大致为多少?弹簧的表面质量对使用寿命有何影响?为了提高弹簧使用寿命应采取什么有效措施?

11. 为什么滚动轴承钢的含碳量均为高碳?滚动轴承钢中常含哪些合金元素?它们在滚动轴承钢中起什么作用?为什么钢中含铬量被限制在一定范围之内?为了使GCr15滚动轴承钢获得高硬度、高耐磨性、高疲劳强度以及足够的韧性应对其材质提出什么要求?

GCr15 钢制精密零件应如何合理选定热处理工艺？

12．一般刃具钢要求什么性能？T7、T10、T10A、T12A 钢号表示什么意思？为什么碳素工具钢只能用于制造刃部受热程度较低的手用工具或低速及小走刀量的机用刃具？

13．分析比较 T9 碳素工具钢与 9SiCr 合金工具钢：

（1）为什么 9SiCr 钢的热处理加热温度比 T9 钢高？

（2）直径为 $\phi30\sim40$mm 的 9SiCr 钢在油中冷却能淬透，相同尺寸的碳素工具钢在油中冷却能否淬透？以芯部获得半马氏体组织为淬透标准，T9 钢与 9SiCr 钢的淬透性曲线如下图所示。

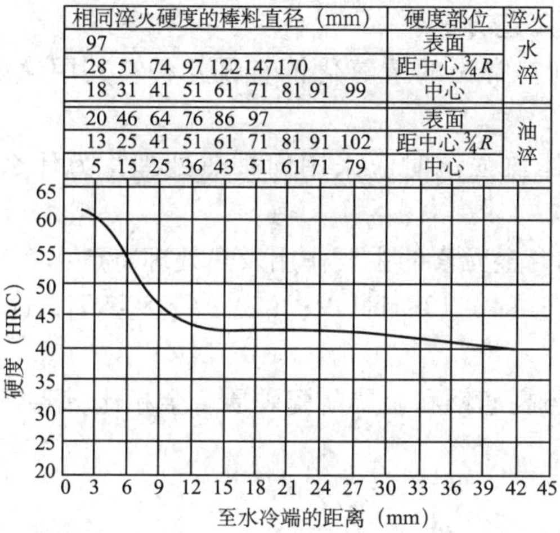

T9 钢

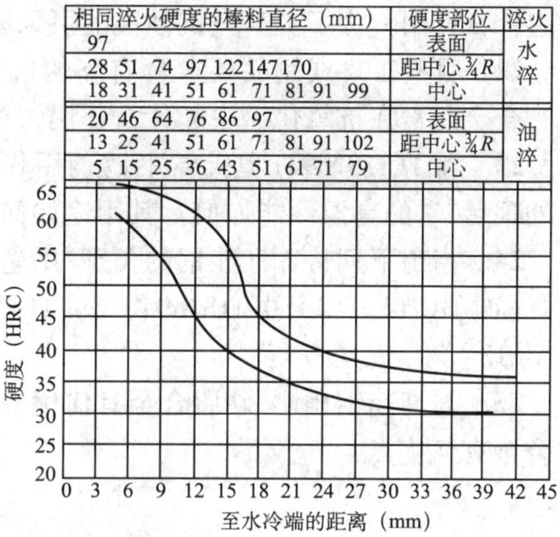

9SiCr 钢

（题 6－13 图）

（3）为什么碳素工具钢制造的刀具刃部受热至 200～250℃ 其硬度和耐磨性已迅速下降，以至于失效；而 9SiCr 钢刀具的刃部在 230～250℃ 条件下工作，硬度仍不低于 HRC60，且耐磨性能良好，尚可维持正常工作？

（4）为什么 9SiCr 钢比较适宜于制造要求变形较小的、硬度较高的（60～63HRC）、耐磨性良好的圆板等薄刃刀具？9SiCr 钢制圆板牙如何进行热处理？试对其热处理工艺进行分析。

14．指出下列合金钢的类别、用途、碳和合金元素的主要作用以及热处理特点：

（1）40CrNiMo；（2）55Si2Mn；（3）9Mn2V；（4）Cr12MoV；（5）5CrMnMo。

15．W18Cr4V 钢的 A_{c1} 约为 820℃，若以一般工具钢 $A_{c1}+30\sim50$℃ 常规方法来确定其淬火加热温度，在最终热处理后能否达到高速切削刃具所要求的性能？为什么？W18Cr4V 钢刀具在正常淬火后都要进行 560℃ 三次回火，又是为什么？

16．比较 W18Cr4V 和 W6Mo5Cr4V2 两种高速钢的优缺点，指出其主要用途，并说明：

（1）各元素在钢中的平均含量及其主要作用；

（2）为什么 W6Mo5Cr4V2 钢的热硬性比 W18Cr4V 钢稍低？

17．何谓热硬性（红硬性）？钢的热硬性与“二次硬化”有何关系？W18Cr4V 钢的二次硬化现象在哪个回火温度范围产生？

18．冷冲模具钢所要求的性能与一般刃具钢有何差别？为什么尺寸较大的、重载的、要求高耐磨和低变形的冷冲模具不宜用 9SiCr、9Mn2V 等一般低合金工具钢制造，而常用

Cr12MoV 钢制造？其淬火、回火温度如何选定？有时发现因崩刃而失效，估计是什么原因？

19. 为什么量具在保存和使用过程中尺寸会发生变化？采取什么措施可使量具尺寸得到长期稳定？试举例说明。

20. 常见的不锈钢有哪几种？其用途如何？为什么不锈钢中含铬量都超过 12%？含铬量为 12% 的 Cr12MoV 钢是否属于不锈钢？为什么？不锈钢是否在任何介质中都是不锈的？下列用品常用何种不锈钢制造？说明其热处理的主要目的及工艺方法。

(1) 外科手术刀；(2)汽轮机叶片；(3)硝酸槽；(4)牙科用口腔丝。

21. 与 Cr13 型不锈钢比较，奥氏体型不锈钢有何特性？18－8 型奥氏体不锈钢中各元素起什么作用？为了提高其抗蚀性能可采取什么工艺方法？

22. 哪些工件或用品要求具有高的抗氧化性？常见的抗氧化钢有哪几种？其用途如何？合金元素在抗氧化钢中起什么作用？

23. 将 1Cr18Ni9Ti 奥氏体不锈钢用作奥氏体热强钢时应采用何种热处理？为什么？热处理后，它的高温性能如何？其用途如何？

24. 指出下列特殊性能钢的类别、用途、碳和合金元素的主要作用及热处理特点：

(1) 3Cr13；(2) 0Cr18Ni9；(3) 1Cr11MoV；(4) 12Cr1MoV；(5) 1Cr18Ni9Ti；(6) ZGMn13。

25. 与高速钢相比，硬质合金有何优缺点？与高速钢和金属陶瓷硬质合金相比，钢结硬质合金有何优点？

第七章 铸　　铁

1. 白口铸铁、灰口铸铁和钢，这三者的成分、组织和性能有何主要区别？

2. 化学成分和冷却速度对铸铁石墨化和基体组织有何影响？

3. 试述石墨形态对铸铁性能的影响。

4. 为什么一般机器的支架、机床的床身常用灰口铸铁制造？

5. 有一壁厚为 15～30mm 的零件，要求抗弯强度 350MPa，应选用何种牌号灰口铸铁制造为宜？

6. 生产中出现下列不正常现象，应采取什么有效措施予以防止或改善？

(1) 灰口铸铁磨床床身铸造以后就进行切削，在切削加工后发生不允许的变形；

(2) 灰口铸铁铸件薄壁处出现白口组织，造成切削加工困难。

7. 为什么可锻化退火前要求铸铁的原始组织全部为白口组织？可采取什么措施加以保证？与灰口铸铁比较，可锻铸铁有何优缺点？可锻铸铁可否锻造？

8. 与灰口铸铁、可锻铸铁相比，为什么球墨铸铁的力学性能较高？高强度球墨铸铁如何获得？举例说明目前有哪些工件已成功地用球墨铸铁代替钢或可锻铸铁制造。

9. 指出下列铸铁的类别、用途及性能的主要指标。

(1) HT150，HT250，HT350；

(2) KTH350－10，KTZ700－02；

(3) QT450－10，QT800－2。

10. 举例说明热处理在灰口铸铁、可锻铸铁、球墨铸铁等铸件生产中的实际应用及效果。

11. 下列工件宜选择何种特殊铸铁制造？

(1) 磨床导轨；(2)1000～1100℃加热炉底板；(3)硝酸盛存器。

第八章　有色金属及其合金

1. 不同铝合金可通过哪些途径达到强化目的？

2. 何谓硅铝明？它属于哪一类铝合金？为什么硅铝明具有良好的铸造性能？在变质处理前后其组织及性能有何变化？这类铝合金主要用在何处？

3. 黄铜属于什么合金？简单黄铜与复杂黄铜的牌号如何表示？试举例说明。为什么含锌量较多的黄铜，经冷加工后不适宜在潮湿的大气、海水及在含有氨的情况下使用？用什么方法改善其抗蚀性？

4. 锡青铜属于什么合金？为什么工业用锡青铜的含锡量大多不超过14%？

5. 指出下列合金的类别、成分、主要特性及用途(括号内为旧牌号)：

(1) ZAlSi12Cu2Mg1 (ZL108),ZAlSi12Cu1Mg1Ni1 (ZL109),ZAlZn11Si7 (ZL401)；

(2) 2A12 (LY12),2A70 (LD7)；

(3) H62,H59,ZCuZn40Mn3Fe1 (ZHMn55－3－1),ZCuZn16Si4 (ZHSi80－3)；

(4) ZCuSn5Pb5Zn5 (ZQSn5－5－5),ZCuAl (ZQA19－4),QBe2,ZCuPb30 (ZQPb30)；

(5) ZSnSb11Cu6,ZPbSb16Sn16Cu2。

6. 轴瓦材料必须具有什么特性？对轴承合金的组织有什么要求？何谓“巴比特合金”或“巴氏合金”？巴氏合金有哪几类？举例说明常用巴氏合金的成分、性能及用途。

第九章　机械零件选材及其工艺路线分析

1. 在选材时应考虑哪些原则？

2. 在图纸上如何标注热处理技术条件？试举例说明。

3. 下列要求能否达到？为什么？

(1) 要求截面为ϕ50mm的40Cr钢轴类零件获得与截面为ϕ12.5mm试样相同的性能指标；

(2) 要求低碳钢不经过化学热处理，只经过淬火获得高硬度HRC58～60；

(3) 要求T12A钢制刀具淬硬到HRC67～70。

4. 钢的切削加工性与其化学成分、金相组织以及硬度之间有何关系？如何改善钢的切削加工性？试举例说明。

5. 举例说明工件的结构形状对淬火变形、开裂倾向有何影响。

6. 对9Mn2V钢制精密淬硬丝杆进行热处理工艺分析，指出其热处理的主要目的。已知：

(1) 技术要求：较高硬度(～56HRC)和耐磨性，低变形和高的尺寸稳定性。

(2) 工艺路线安排如下：

锻造→球化退火→切割金相试样检查→毛坯校直→粗车→消除应力退火→精车成光杆→整体淬火→热校直→回火→冷处理→回火→清理、喷砂、检验→粗磨→人工时效→半精磨→人工时效→精磨至达到全部尺寸要求。

7. 模数 m 为 3.5 的汽车拖拉机圆柱直齿轮，承受大的冲击，要求芯部性能：$\sigma_b >$ 900MPa，$\sigma_s >$ 700MPa，$A_k >$ 50J；要求表面硬度达到 58 ~ 60HRC，问选用哪一种钢制造为宜？其工艺路线如何安排？并说明其热处理的主要目的及工艺方法。

8. 已知直径为 ϕ60mm 的轴，要求芯部硬度为 30 ~ 40HRC，轴颈表面硬度为 50 ~ 55HRC，现库存 45、20CrMnTi、40CrNi、40Cr 四种钢，问选用哪种钢制造为宜？（四种钢的淬透性曲线如下图所示。）其工艺路线如何安排？说明热处理的主要目的及工艺方法。

9. 齿轮在下列情况下，宜选何种材料制造？

（1）当齿轮尺寸较大（$d_{分} >$ 400 ~ 600mm），而轮坯形状较复杂，不宜锻造时；

（2）工作时低速无冲击但缺乏润滑油；

（3）在缺少磨齿机或内齿轮难以磨齿；

（4）齿轮承受较大的载荷，要求齿面坚硬和齿心强韧时。

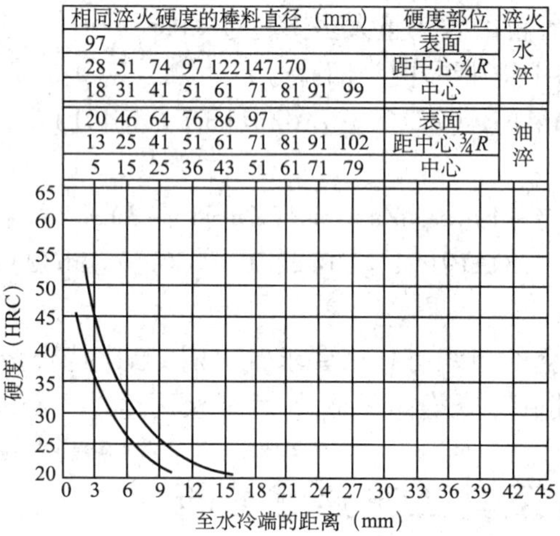

45 钢

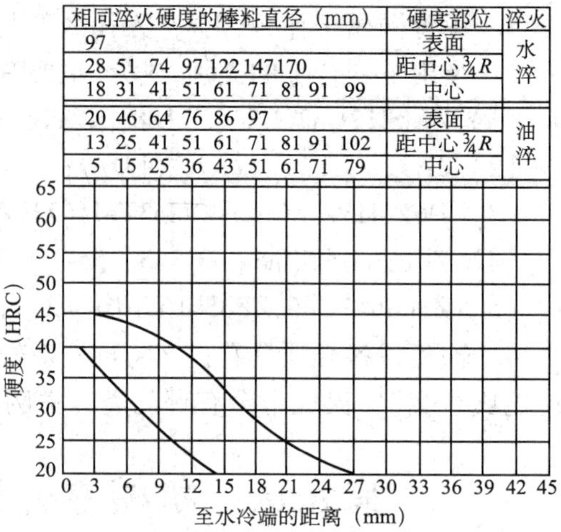

20CrMnTi

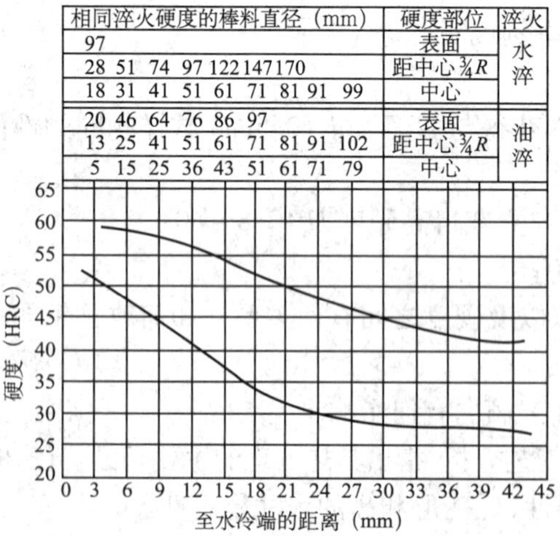

40CrNi

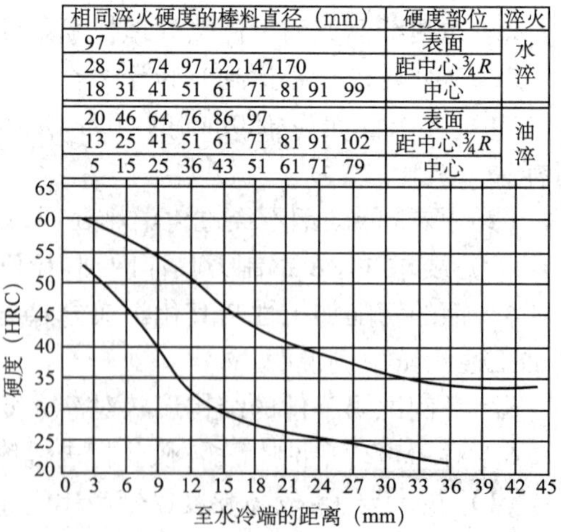

40Cr

（题 9－8 图）

实 验 指 导 书

金相显微分析基础知识

金相分析是研究金属及合金内部组织及缺陷的主要方法之一，它在金属材料研究领域中占有很重要的地位。利用金相显微镜在专门制备的试样上放大 100 ~ 1500 倍来研究金属及合金组织的方法称为金相显微分析法，它是研究金属材料微观结构最基本的一种实验技术。显微分析可以研究金属及合金的组织与其化学成分的关系；可以确定各类合金材料经不同的加工及热处理后的显微组织；可以判别金属材料质量的优劣，如各种非金属夹杂物——氧化物、硫化物等在组织中的数量及分布情况以及金属晶粒度的大小等。

在现代金相显微分析中，使用的主要仪器有光学显微镜和电子显微镜两大类。这里仅对常用的光学金相显微镜作一般介绍。

如何将所研究的材料制备成合乎一定要求的金相显微试样，以便通过显微镜来进行观察，是必须掌握的一种基本技能，这里亦作简要介绍。

一、显微镜理论的基本知识

（一）显微镜的成像原理

众所周知，放大镜是最简单的一种光学仪器，它实际上是一块会聚透镜（凸透镜），利用它就可以将物体放大。其成像光学原理如图 1 所示。

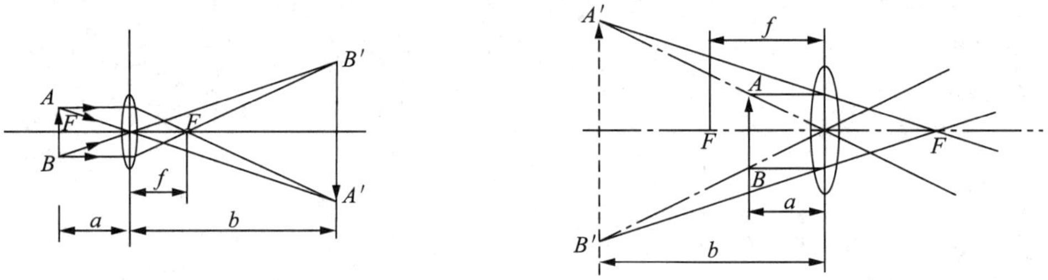

(a) 实像放大　　(b) 虚像放大

图 1　放大镜光学原理图

当物体 AB 置于透镜焦距 f 以外时，得到倒立的放大实像 $A'B'$（如图 1a），它的位置在 2 倍焦距长度以外。如果将物体 AB 放在透镜焦距之内，就可以看到一个放大了的正虚像 $A'B'$（如图 1b）。映像的长度与物体长度之比（$\frac{A'B'}{AB}$）就是放大镜的放大倍数（放大率）。由于放大镜到物体之间的距离 a 近似地等于透镜的焦距（$a \approx f$），而放大镜到像间的距离 b 近似地相当于人眼的明视距离（250mm），故放大镜的放大倍数为：

$$N = \frac{a}{b} = \frac{250}{f} \tag{1}$$

由式（1）可知，透镜的焦距 f 越短，则放大镜的放大倍数越大。一般采用的放大镜焦距在 10 ~ 100mm 范围内，因而放大倍数在 2.5 ~ 25 倍之间。进一步提高放大倍数，会由于透镜焦距缩短和表面曲率过分增大而使形成的映像变得模糊不清。为了得到更高的放大倍数，就要采用显微镜，显微镜可以使放大倍数达到 1500 ~ 2000 倍。

显微镜不像放大镜那样由单个透镜制成，而是由两组透镜所组成。靠近所观察物体的透镜叫做物镜，而靠近眼睛的透镜叫做目镜。借助物镜与目镜的两次放大，就能将物体放大到很高的倍数（~2000 倍）。图 2 所示是在显微镜中得到放大物像的光学原理图。

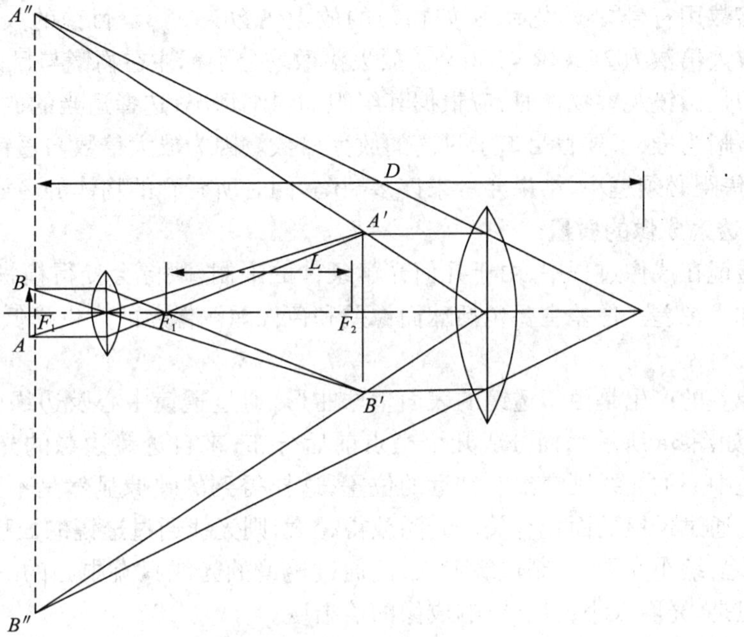

图 2　显微镜光学原理图

被观察的物体 AB 放在物镜之前距其焦距略远一些的位置，由物体反射的光线穿过物镜，经折射后得到一个放大了的倒立实像 $A'B'$，再经目镜将实像 $A'B'$ 放大成倒立虚像 $A''B''$，这就是在显微镜下研究实物时所观察到的经过二次放大后的物像。

在显微镜设计时，让目镜的焦点位置与物镜放大所成的实像位置接近，并使最终的倒立虚像在距眼睛 250mm（约等于人眼的正常明视距离）处成像，这样就可以看得最为清晰。

显微镜质量的好坏，主要取决于：放大倍数；透镜的质量；显微镜的鉴别能力。

（二）显微镜的放大倍数

显微镜包括两组透镜——物镜和目镜。物镜的放大倍数可由下式得出，即

$$M_{物} = \frac{L}{F_1} \tag{2}$$

式中　L——显微镜的光学筒长度（即物镜后焦点与目镜前焦点的距离）；

F_1——物镜焦距。

而 $A'B'$ 经目镜放大后的放大倍数则可由公式(3)计算：

$$M_{目} = \frac{D}{F_2} \tag{3}$$

式中　D——明视距离（250mm）；

F_2——目镜焦距。

显微镜的总放大倍数应为物镜与目镜放大倍数的乘积，即

$$M_{总} = M_{物} \times M_{目} = \frac{250L}{F_1 \times F_2} \tag{4}$$

显微镜的主要放大倍数通过物镜来保证,物镜的最高放大倍数可达100倍,目镜的放大倍数可达25倍。

放大倍数用符号“×”表示,例如物镜的放大倍数为25×,目镜的放大倍数为10×,则显微镜的放大倍数为25×10=250×。放大倍数均分别标注在物镜与目镜的镜筒上。

在使用显微镜观察物体时,应根据其组织的粗细情况,选择适当的放大倍数。以细节部分观察得清晰为准,不要盲目追求过高的放大倍数。因为放大倍数与透镜的焦距有关,放大倍数越大,焦距必须越小,结果会带来许多缺陷,同时所看到的物体的区域也越小。

(三)透镜成像的质量

单个透镜在成像过程中,由于几何光学条件的限制,映像会变得模糊不清或发生畸变,这种缺陷称为像差。像差主要包括球面像差和色像差。像差的产生降低了光学仪器的精确性。

球面像差的产生是由于透镜的表面呈球曲形,通过透镜中心及边缘的光线折射后不能交于一点(如图3a所示),而分成几个交点前后分布;来自透镜边缘的光线靠近透镜交集,而靠近透镜中心的光线则交集在较远的位置,这样得到的映像显然是不清晰的。球面像差的程度与光通过透镜的面积有关。光圈放得越大,则光线通过透镜的面积越大,球面像差就越严重;反之,缩小光圈,限制边缘射入,使通过透镜的光线只有中心的一部分,则可减小球面像差。但是,光圈太小,也会影响成像的清晰度。

校正透镜球面像差的方法是采用多片透镜组成透镜组,即将凸透镜和凹透镜组合在一起(成为复合透镜),由于这两种透镜有着性质相反的球面差,因此可以互相抵消。

色像差的产生是由于组成白光的各种不同波长的光线在穿过透镜时折射率不同,其中紫色光线波长最短,折射率最大,在离透镜最近处成像;红色光线的波长最长,折射率最小,在离透镜最远处成像;其余如黄、橙、绿、蓝等有色光线则在它们之间成像。这些光在平面上成的像不能集中于一点,而呈现带有彩色边缘的光环(如图3b所示)。色像差的存在也会降低透镜成像的清晰度,也应予以校正。通常采用单色光源(或加滤光片),也可使用复合透镜。

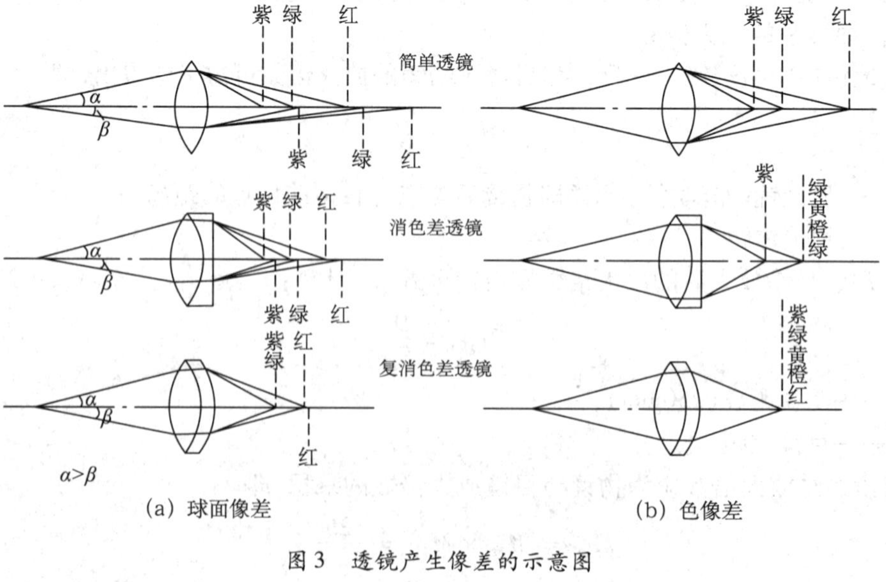

(a) 球面像差　　(b) 色像差

图3　透镜产生像差的示意图

显微镜的放大作用主要取决于物镜,物镜质量的好坏直接影响显微镜映像的质量,所以对物镜的校正是很重要的。物镜的类型,根据对透镜球面像差和色像差的校正程度不同而分为消色差物镜、复消色差物镜和半复消色差物镜等。

目镜也是显微镜的主要组成部分,它的主要作用是将由物镜放大的实像再度放大,因此它的质量将最后影响到物像的质量。按照目镜的构造形式,一般可分为普通目镜、补偿目镜和测微目镜等。普通目镜其映像未经校正,应该与消色差物镜配合使用。补偿目镜必须与复消色差物镜或半消色差物镜配合使用,以抵消这些物镜的残余色相差。

(四) 显微镜的鉴别能力(鉴别率)

显微镜的鉴别能力是显微镜也是物镜最重要的特性,它是指显微镜对于试样上最细微部分所能获得清晰映像的能力,通常用可以辨别的物体上两点间的最小距离 d 来表示。被分辨的距离越短,表示显微镜的鉴别能力越高。

显微镜的鉴别能力可由下式求得:

$$d = \frac{\lambda}{2N \cdot A} \tag{5}$$

式中 λ ——入射光源的波长;

$N \cdot A$——物镜的数值孔径,表示物镜的聚光能力。

可以看出,波长越短,数值孔径越大,鉴别能力就越高,在显微镜中就能看到更细微的部分。数值孔径可以用下列公式求出:

$$N \cdot A = \eta \cdot \sin\psi \tag{6}$$

式中 η——物镜与物体间介质的折射率;

ψ——通过物镜边缘的光线与物镜轴线所成的角度(见图 4)

一般物镜与物体之间的介质是空气,光线在空气中的折射率 $\eta = 1$,若一物镜的角孔径为 60°,则其数值孔径为:

$$N \cdot A = \eta \cdot \sin\psi = 1 \cdot \sin 30° = 0.5$$

若在物镜与试样之间滴入一种松柏油($\eta = 1.52$),则其数值孔径为:

$$N \cdot A = 1.52 \cdot \sin 30° = 0.76$$

这样就增大了物镜的数值孔径。物镜在设计和使用中指定以空气为介质的称为“干系物镜”(或干物镜),以油为介质的称为“油浸系物镜”(或油物镜)。从图 4 可以看出,油物镜具有较高的数值孔径,因为透过油进入到物镜的光线比透过空气进入的多,使物镜的聚光能力增强,从而提高了物镜的鉴别能力。

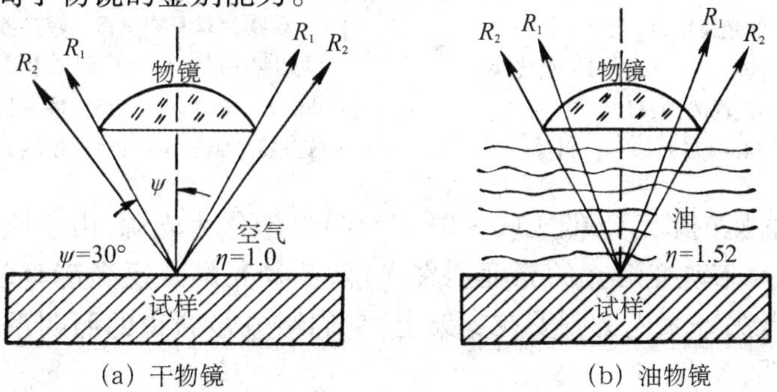

(a) 干物镜 (b) 油物镜

图 4 不同介质对物镜聚光能力的比较

物镜的数值孔径与放大倍数一起刻在镜头外壳上，例如镜头上刻有 25/0.50 或在 65 × 的下面刻有 0.75 等数字，这个 0.5 或 0.75 即表示物镜的数值孔径。高倍物镜通常都为油浸系，油镜头用“油”（或 OiL，HL）或外壳涂一黑圈来表示。

二、金相显微镜的构造和使用

（一）金相显微镜的构造

金相显微镜的种类和形式很多，最常见的有台式、立式和卧式三大类。金相显微镜通常由光学系统、照明系统和机械系统三大部分组成，有的显微镜还附有摄影装置。现以 XJB－1 型台式金相显微镜为例加以说明。

XJB－1 型金相显微镜的光学系统如图 5 所示。有灯泡 1 发出的光线经过聚光透镜组 2 及反光镜 8 聚集到孔径光栏 9，在经过聚光镜 3 聚集到物镜的后焦面，最后通过物镜平行照射到试样 7 的表面。从试样反射回来的光线复经物镜组 6 和辅助透镜 5，由半反射镜 4 转向，经过辅助透镜以及棱镜造成一个被观察物体的倒立的放大实像，该像再经过目镜 15 的放大，就成为在目镜视场中能看到的放大映像。

XJB－1 型金相显微镜的外形如图 6 所示。现分别介绍其各部件功能及使用。

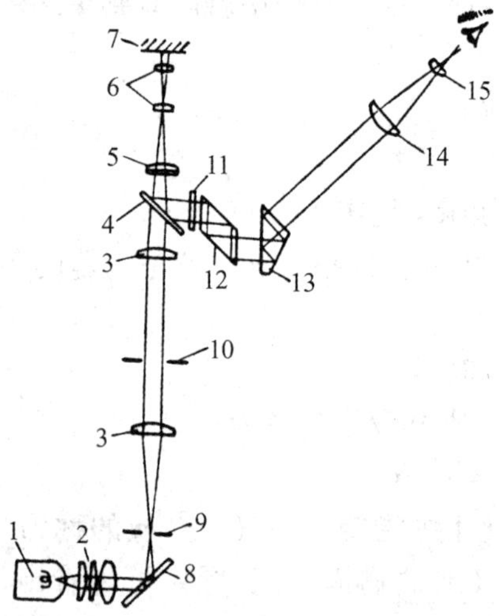

图 5　XJB－1 型金相显微镜的光学系统

1－灯泡；2，3－聚光镜组；4－半反射镜；5－辅助透镜；6－物镜组；7－试样；8－反光镜；9－孔径光阑；10－视场光阑；11－辅助透镜；12，13－棱镜；14－场镜；15－接目镜

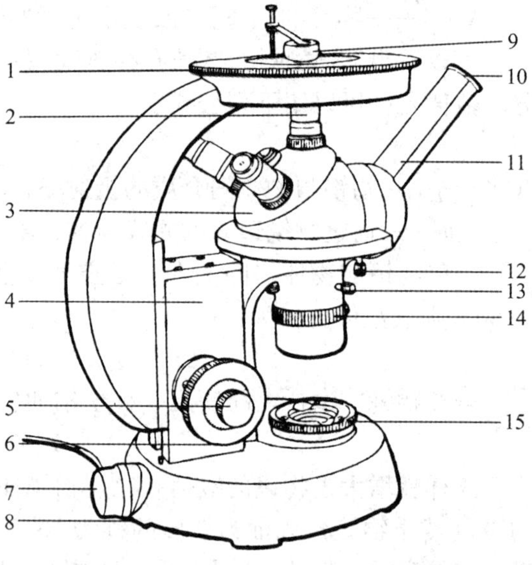

图 6　XJB－1 型金相显微镜外形结构图

1－载物台；2－物镜；3－转换器；4－传动箱；5－微动调焦手轮；6－粗动调焦手轮；7－光源；8－偏心圈；9－样品；10－目镜；11－目镜管；12－固定螺钉；13－调节螺钉；14－视场光阑；15－孔径光阑

照明系统：在底座内装有一低压（6～8V，15W）灯泡作为光源，由变压器降压供电，靠调节次级电压（6～8V）来改变灯光的亮度。聚光镜、孔径光阑及反光镜等装置均安装在圆形底座上，视场光阑及另一聚光镜则安在支架上，它们组成显微镜的照明系统，使试样表面获得充分、均匀的照明。

显微镜调焦装置：在显微镜体的两侧有粗动和微动调焦手轮，两者在同一部位。随粗调手轮 6 的转动,支承载物台的弯臂作上下运动。在粗调手轮的一侧有制动装置,用以固定调焦正确后载物台的位置。微调手轮 5 使显微镜本体沿着滑轨缓慢移动。在右侧手轮上刻有分度格,每一格表示物镜座上下微动 0.002mm。与刻度盘同侧的齿轮箱上刻有两条白线,用以指示微动升降范围,当旋到极限位置时,微动手轮就自动被限制住,此时,不能再继续旋转而应倒转回来使用。

载物台(样品台):用于放置金相样品,载物台和下面托盘之间有导架,用手推动,可使载物台在水平面上作一定范围的十字定向移动,以改变试样的观察部位。

孔径光栏和视场光栏:孔径光阑装在照明反射镜座上面,调整孔径光阑能够控制入射光束的粗细,以保证物像达到清晰的程度。视场光栏设在物镜支架下面,其作用是控制视场范围,使目镜中视场明亮而无阴影。在刻有直纹的套圈上还有两个调节螺钉,用来调整光阑中心。

物镜转换器:转换器呈球面形,上有三个螺孔,可安装不同放大倍数的物镜,旋动转换器可使各物镜镜头进入光路,与不同的目镜搭配使用,可获得各种放大倍数。

目镜筒:目镜筒呈 45°倾斜安装在附有棱镜的半球形座上,还可以将目镜转向 90°呈水平状态以配合照相装置进行金相摄影。

下表列出了 XJB－1 型金相显微镜的物镜和目镜不同配合情况下的放大倍数。

XJB－1 型金相显微镜的放大倍数表

光学系统	目镜 / 物镜	5 ×	10 ×	15 ×
干燥系统	8 ×	40 ×	80 ×	120 ×
干燥系统	45 ×	225 ×	450 ×	675 ×
油浸系统	100 ×	500 ×	1000 ×	1500 ×

(二) 金相显微镜的使用方法及注意事项

金相显微镜是一种精密的光学仪器,使用时要细心谨慎。在使用显微镜工作之前首先应该熟悉其构造特点及各主要部件的相互位置和作用,然后按照显微镜的使用规程进行操作。

(1) 金相显微镜的使用规程:

1) 首先将显微镜的光源插头插在变压器上,通过低压(6～8V)变压器接通电源;

2) 根据放大倍数选用所需的物镜和目镜,分别安装在物镜座上及目镜筒内,并使转换器转至固定位置(由定位器定位);

3) 将试样放在样品台中心,使观察面朝下并用弹簧片压住;

4) 转动粗调手轮先使载物台下降,同时用眼观察,使物镜尽可能接近试样表面(但不得与试样相碰),然后相反转动粗调手轮,使载物台渐渐上升以调节焦距,当视场亮度增强时再改用微调手轮调节,直到物像调整到最清晰为止;

5) 适当调节孔径光栏和视场光栏,以获得最佳质量的物像;

6) 如果使用油浸系物镜,则可在物镜的前透镜上滴一点松柏油,也可以将松柏油直接滴在试样上。油镜头用后应立即用棉花蘸取二甲苯溶液擦净,再用擦镜纸擦干。

(2) 使用注意事项:

1) 操作时必须特别细心,不能有任何剧烈的动作。光学系统不允许自行拆卸;

2) 显微镜镜头的玻璃部分和试样磨面严禁手指直接接触,若镜头中落有灰尘,可用镜头纸或软毛刷轻轻擦拭;

3) 显微镜的灯泡(6 ~ 8V)插头,切勿直接插在220V的电源插座上,应当插在变压器上,否则灯泡立即烧坏。观察结束后及时关闭电源;

4) 在旋转粗调(或微调)手轮时动作要慢,碰到某种阻碍时应立即停止操作,报告指导教师查找原因,不得用力强行转动,否则会损坏机件。

三、金相显微试样的制备方法

金相显微试样的制备过程包括取样、镶嵌、磨制、抛光、浸蚀等工序。下面分别加以简要说明。

(一) 取样

显微试样的选取应根据研究的目的,取其具有代表性的部位。例如在检验和分析失效零件的损坏原因时,除了在损坏部位取样外,还需要在距破坏处较远的部位截取试样以便比较;在研究金属铸件组织时,由于存在偏析现象,必须从表面层到中心同时取样进行观察;对于轧制和锻造材料则应同时截取横向(垂直于轧制方向)及纵向(平行于轧制方向)的金相试样,以便于分析比较表层缺陷及非金属夹杂物的分布情况;对于一般热处理后的零件,由于金相组织比较均匀,试样的截取可在任一截面进行。确定好部位后就可把试样截下,试样的尺寸通常采用直径 ϕ12 ~ 15mm,高 12 ~ 15mm 的圆柱体或边长 12 ~ 15mm 的方形试样(如图7所示)。

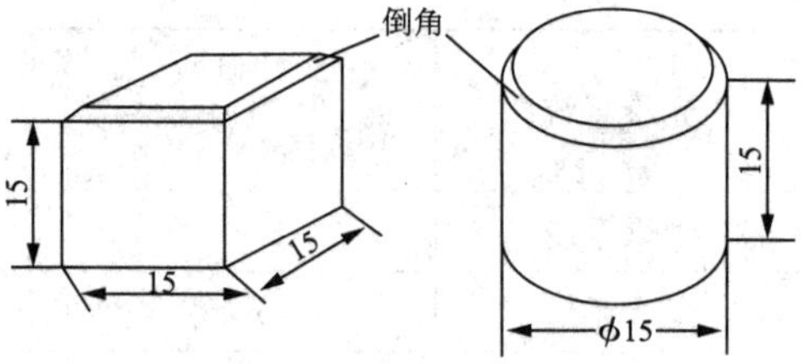

图7 金相试样的尺寸

试样的截取方法视材料的性质不同而异,软的金属可用手锯或锯床切割,硬而脆的材料(如白口铸铁)则可用锤击打下,对极硬的材料(如淬火钢)则可采用砂轮片切割或电脉冲加工。不论采用哪种方法,在切取过程中均不宜使试样的温度过于升高,以免引起金属组织的变化,影响分析结果。

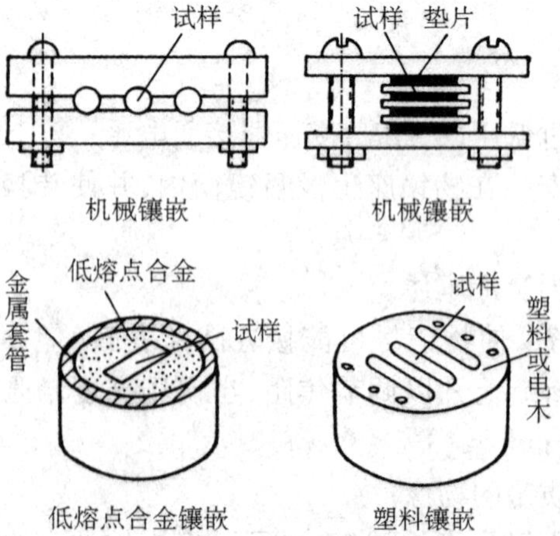

图8 金相试样的镶嵌方法

(二) 镶嵌

当试样的尺寸太小(如金属丝、薄片等)时,直接用手来磨制很困难,需要使用试样夹或利用样品镶嵌机,把试样镶嵌在低熔点合金或塑料(如胶木粉、聚乙烯及聚合树脂等)中,如图8所示。

(三) 磨制

试样的磨制一般分粗磨和细磨两道工序。

(1) 粗磨:粗磨的目的是获得一个平整的表面。钢铁材料试样的粗磨通常在砂轮机上进行,但在磨制时应注意:试样对砂轮的压力不宜过大,否则会在试样表面形成很深的磨痕,增加精磨和抛光的困难;要随时用水冷却试样,以免受热引起组织变化;试样边缘的棱角若无保存必要,可先行磨圆(倒角),以免在细磨及抛光时撕破砂纸或抛光布,甚至造成试样从抛光机上飞出伤人。

(2) 细磨:经粗磨后试样表面虽较平整,但仍还存在较深的磨痕(如图 9 所示)。细磨的目的就是消除这些磨痕,以得到平整而光滑的磨面,为下一步的抛光做好准备。将粗磨好的试样用水冲洗擦干后就开始进行细磨。细磨是在一套粗细程度不同的金相砂纸上,由粗到细依次顺序进行的。

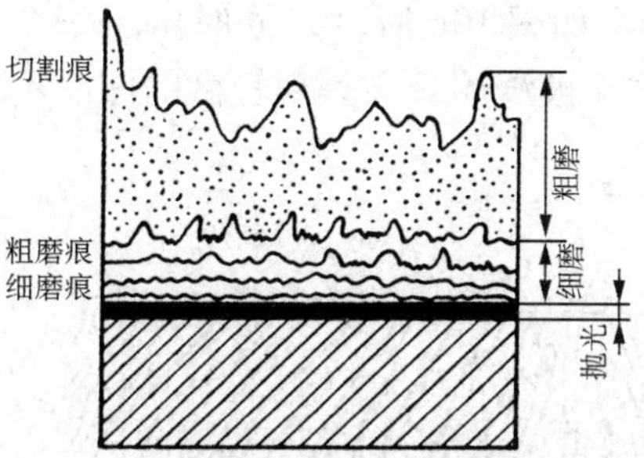

图 9 试样磨面上磨痕变化示意图

细磨时将砂纸放在玻璃板上,手指紧握试样,并使磨面朝下,均匀用力向前推行磨制。在回程时,应提起试样不与砂纸接触,以保证磨面平整而不产生弧度。

每更换一号砂纸时,需将试样的研磨方向调转 90°,即与上一道磨痕方向垂直,直到将上一号砂纸所产生的磨痕全部消除为止。为了加快磨制速度,除手工磨制外,还可以将不同型号的砂纸贴在带有旋转圆盘的预磨机上,实现机械磨制。

(四) 抛光

细磨后的试样还需进一步抛光。抛光的目的是去除细磨时遗留下来的细微磨痕而获得光亮的镜面。

金相试样的抛光方法一般可分为机械抛光、电解抛光和化学抛光三种。

(1) 机械抛光:在专用的抛光机上进行。抛光机主要由电动机和抛光圆盘(ϕ200 ~ 300mm)组成,抛光盘转速为 300 ~ 500r/min。抛光盘上铺以细帆布、呢绒、丝绸等,抛光时在抛光盘上不断滴注抛光液。抛光液通常采用 Al_2O_3、MgO 或 Cr_2O_3 等细粉末(粒度约为 0.3 ~ 1μm)在水中的悬浮液。机械抛光就是靠极细的抛光粉末与磨面间产生相对磨削和滚压作用来消除磨痕的。

操作时将试样磨面均匀地压在旋转的抛光盘上,并沿盘的边缘到中心不断作径向往复运动。抛光时间一般为 3 ~ 5min。抛光结束后,试样表面应看不出任何磨痕而呈光亮的镜面。

(2) 电解抛光:是利用阳极腐蚀法使试样表面变得平滑光亮的一种方法。将试样浸入电解液中作为阳极,用铝片或不锈钢片作阴极,使试样与阴极之间保持一定距离(20 ~ 30mm),接通直流电源。当电流密度足够时,试样磨面即由于电化学作用而发生选择性溶解,从而获得光滑平整的表面。这种方法的优点是速度快,只产生纯化学的溶解作用而无机械力的影响,因此可避免在机械抛光时可能引起的表层金属的塑性变形,从而能更确切地显示真实的金相组织。但电解抛光操作时工艺规程不易控制。

(3) 化学抛光:其实质与电解抛光相类似,也是一个表层溶解过程。它是将化学试剂涂在试样表面上约几秒至几分钟,依靠化学腐蚀作用使表面发生选择性溶解,从而得到光滑平整的表面。

(五) 浸蚀

经抛光后的试样若直接放在显微镜下观察,只能看到一片亮光,除某些非金属夹杂物(如 MnS 及石墨等)外,无法辨别出各种组成物及其形态特征。必须使用浸蚀剂对试样表面进行“浸蚀”,才能清楚地显示出显微组织的真实情况。钢铁材料最常用的浸蚀剂为 3% ~

4%硝酸酒精溶液或4%苦味酸酒精溶液。各种金属材料常用的浸蚀剂可参考附表Ⅰ。

最常用的金相组织显示方法是化学浸蚀法。其主要原理是利用浸蚀剂对试样表面的化学溶解作用或电化学作用（即微电池原理）来显示组织。

对于纯金属或单相合金来说，浸蚀是一个纯化学溶解过程。由于金属及合金的晶界上原子排列混乱，并有较高能量，故晶界易被浸蚀而呈现凹沟（如图10a所示），同时由于每个晶粒原子排列的位向不同，表面溶解速度也不一样，因此试样被浸蚀后会呈现轻微的凹凸不平，在垂直光线的照射下将显示出明暗不同的晶粒。

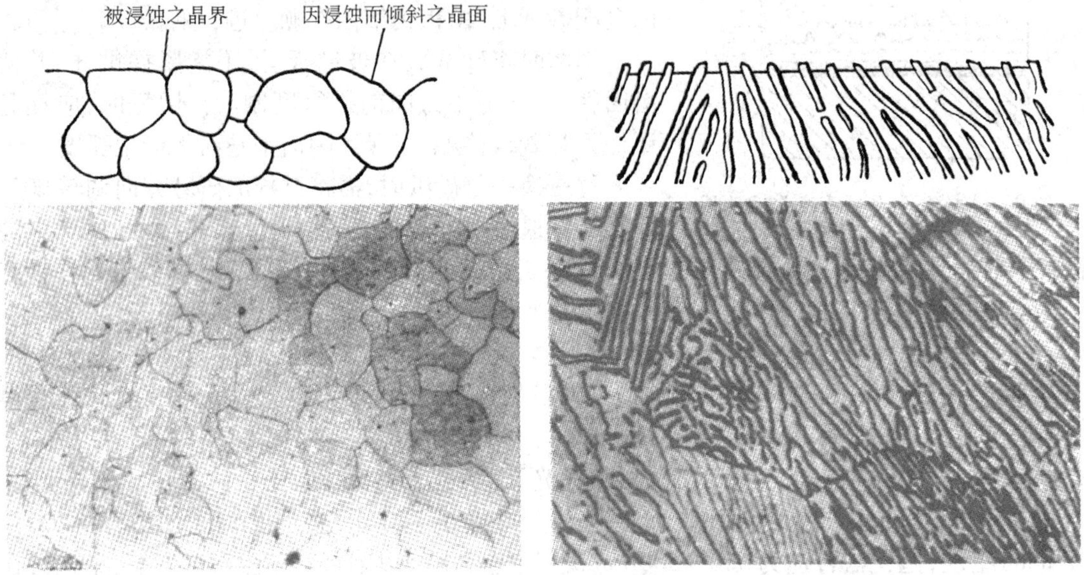

(a) 铁素晶界　　(b) 片状珠光体

图10　单相和两相组织的显示图

对于两相以上的合金而言，浸蚀主要是一个电化学腐蚀过程。由于各组成相具有不同的电极电位，试样浸入浸蚀剂中就在两相之间形成无数对“微电池”。具有负电位的一相成为阳极，被迅速溶入浸蚀剂中形成凹洼；具有正电位的另一相则为阴极，在正常电化学作用下不受浸蚀而保持原有平面。当光线照射到凹凸不平的试样表面时，由于各处对光线的反射程度不同，在显微镜下就能看到各种不同的组织和组成相（如图10b所示）。

浸蚀方法是将试样磨面浸入浸蚀剂中，或用棉花沾上浸蚀剂擦拭表面。浸蚀时间要适当，一般试样磨面发暗时就可停止，如果浸蚀不足可重复浸蚀。浸蚀完毕后立即用清水冲洗，接着用酒精冲洗，最后用吹风机吹干。这样制得的金相试样即可在显微镜下进行观察和分析研究。

实验一　金属材料的硬度试验

一、实 验 目 的

(1) 了解硬度测定的基本原理及应用范围。

（2）了解布氏、洛氏硬度试验机的主要结构及操作方法。

二、概　　述

金属的硬度可以认为是金属材料表面在接触应力作用下抵抗塑性变形的一种能力。硬度测量能够给出金属材料软硬程度的数量概念。由于在金属表面以下不同深处材料所承受的应力和所发生的变形程度不同,因而硬度值可以综合地反映压痕附近局部体积内金属的弹性、微量塑变抗力、塑变强化能力以及大量形变抗力。硬度值越高,表明金属抵抗塑性变形能力越大,材料产生塑性变形就越困难。另外,硬度与其他力学性能(如强度指标 σ_b 及塑性指标 δ 和 ψ)之间有着一定的内在联系,所以从某种意义上说硬度的大小对于机械零件或工具的使用性能及寿命具有决定性意义。

硬度的试验方法很多,在机械工业中广泛采用压入法来测定硬度,压入法又可分为布氏硬度、洛氏硬度、维氏硬度等。

压入法硬度试验的主要特点是:

（1）试验时应力状态最软(即最大切应力远远大于最大正应力),因而不论是塑性材料还是脆性材料均能发生塑性变形。

（2）金属的硬度与强度指标之间存在如下近似关系:

$$\sigma_b = K \cdot HB$$

式中　σ_b——材料的抗拉强度值;

HB——布氏硬度值;

K——系数。

退火状态的碳钢：$K = 0.34 \sim 0.36$;

合金调质钢：　$K = 0.33 \sim 0.35$;

有色金属合金：　$K = 0.33 \sim 0.53$。

（3）硬度值对材料的耐磨性、疲劳强度等性能也有定性的参考价值,通常硬度值高,这些性能也就好。在机械零件设计图纸上对力学性能的技术要求,往往只标注硬度值,其原因就在于此。

（4）硬度测定后由于仅在金属表面局部体积内产生很小压痕,并不损坏零件,因而适合于成品检验。

（5）设备简单,操作迅速方便。

三、布氏硬度(HB)

(一) 布氏硬度试验的基本原理

布氏硬度试验是施加一定大小的载荷 P,将直径为 D 的钢球压入被测金属的表面(如图 1－1 所示)保持一定时间,然后卸除载荷,根据钢球在金属表面上所压出的凹痕面积 $F_{凹}$ 求出平均应力值,以此作为硬度值的计量指标,并用符号 HB 表示。

其计算公式如下:

$$HB = P/F_{凹} \qquad (1-1)$$

式中　HB——布氏硬度值;

P——载荷(N);

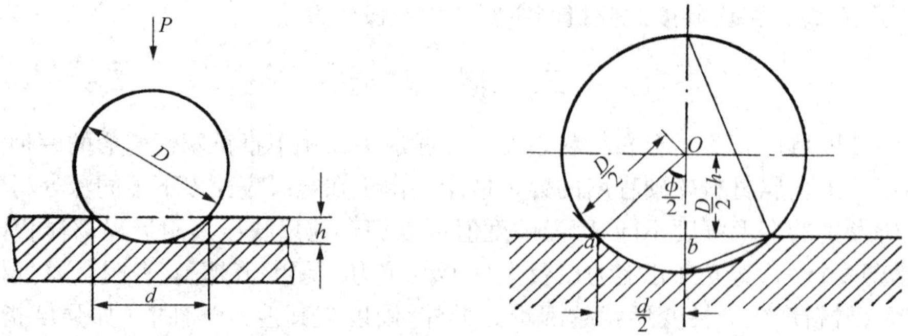

(a) 原理图　　(b) h 和 d 的关系

图 1－1　布氏硬度试验原理图

$F_{凹}$——压痕面积(mm^2)；

根据压痕面积和球面之比等于压痕深度 h 和钢球直径之比的几何关系，可知压痕部分的球面积为：

$$F_{凹} = \pi Dh \tag{1-2}$$

式中　D——钢球直径(mm)；

h——压痕深度(mm)。

由于测量压痕直径 d 要比测定压痕深度 h 容易，故可将(1－2)式中 h 改换成 d 来表示，这可根据图 1－1(b)中△Oab 的关系求出：

$$\frac{1}{2}D - h = \sqrt{\left(\frac{D}{2}\right)^2 - \left(\frac{d}{2}\right)^2}$$

$$h = \frac{1}{2}\left(D - \sqrt{D^2 - d^2}\right) \tag{1-3}$$

将式(1－2)和(1－3)代入式(1－1)即得

$$HB = \frac{1.02 \times P}{\pi Dh} = \frac{1.02 \times 2P}{\pi D\left(D - \sqrt{D^2 - d^2}\right)} \tag{1-4}$$

式中只有 d 是变量，故只需测出压痕直径 d，根据已知 D 和 P 值就可计算 HB 值。在实际测量时，可由测出之压痕直径 d 直接查表得到 HB 值。

由于金属材料有硬有软，所测工件有厚有薄，若只采用同一种载荷和钢球直径（如 10mm）时，则对硬的金属适合，而对极软的金属就不适合，会发生整个钢球陷入金属中的现象；若对于厚的工件适合，则对于薄件会出现压透的可能，所以在测定不同材料的布氏硬度值时就要求有不同的载荷 P 和钢球直径 D。为了得到统一的、可以相互进行比较的数值，必须使 P 和 D 之间维持某一比值关系，以保证所得到的压痕形状的几何相似关系，其必要条件就是使压入角 φ 保持不变。

根据相似原理由图 1－1(b)中可知 d 和 φ 的关系是

$$\frac{D}{2}\text{Sin}\frac{\varphi}{2} = \frac{d}{2} \text{ 或 } d = D\sin\frac{\varphi}{2} \tag{1-5}$$

以此式代入式(1－4)得

$$HB = 1.02 \times \frac{P}{D^2}\left[\frac{2}{\pi\left(1 - \sqrt{1 - \text{Sin}^2\frac{\varphi}{2}}\right)}\right] \tag{1-6}$$

式(1－6)说明，当 φ 值为常数时，为使 HB 值相同，$\frac{P}{D^2}$ 也应保持唯一定值。因此对同一材料而言，不论采用何种大小的载荷和钢球直径，只要能满足 $\frac{P}{D^2}$ = 常数，所得的 HB 是一样的。对不同材料来说，所得的 HB 值也是可以进行比较的。$\frac{P}{D^2}$ 的比值可以是 30、10 和 2.5 等，具体试验数据和适用范围可参考表 1－1。

表 1－1　布氏硬度试验范围

材　料	硬度范围 HB	试样厚度 (mm)	$\frac{P}{D^2}$	钢球直径 (mm)	载荷 P (N)	载荷保持时间(s)
黑色金属	140～450	6～3 4～2 <2	30	10 5 2.5	2940 735 183.75	10
	<140	>6 6～3 <3	10	10 5 2.5	980 245 61.25	10
铜合金及镁合金	36～130	>6 6～3 <3	10	10 5 2.5	980 245 61.25	30
铝合金及轴承合金	8～35	>6 6～3 <3	2.5	10 5 2.5	245 61.25 15.29	60

（二）布氏硬度测定的技术要求

(1) 试样表面必须平整光洁，以使压痕边缘清晰，保证精确测量压痕直径 d。

(2) 压痕距离试样边缘应大于 D(钢球直径)，两压痕之间距离应不小于 D。

(3) 用读数显微镜测量压痕直径 d 时，应从相互垂直的两个方向上进行，取其平均值。

(4) 为了表明试验条件，可在 HB 值后标注 $D/P/t$，如 $HB_{10/3000/10}$，即表示此硬度值是在 D = 10mm，P = 3000kgf，t = 10s 的条件下得到的。

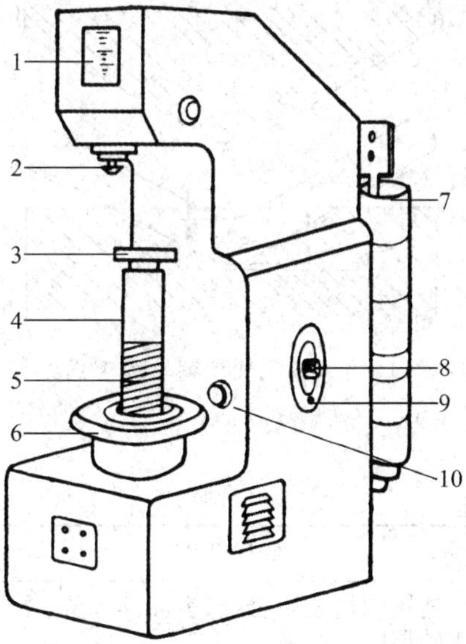

图 1－2　HB－3000 布氏硬度试验机外形结构图

1－指示灯；2－压头；3－工作台；4－立柱；5－丝杠；6－手轮；7－载荷砝码；8－压紧螺钉；9－时间定位器；10－加载按钮

（三）布氏硬度试验机的结构和操作

(1) HB－3000 型布氏硬度试验机的外形结构如图 1－2 所示。其主要部件及作用如下：

1) 机体与工作台：硬度机有铸铁机体，在机体前台面上安装了丝杠座，其中装有丝杠，丝杠上装立柱和工作台，可上下移动；

2) 杠杆机构：杠杆系统通过电动机可将载荷自动加在试样上；

3) 压轴部分：用以保证工作时试样与压头中心对准；

4) 减速器部分：带动曲柄及曲柄连杆，在电机转动及反转时，将载荷加到压轴上或从压轴上卸除；

5）换向开关系统：是控制电机回转方向的装置，使加、卸载荷自动进行。

（2）操作前的准备工作：

1）把根据表1－1选定的压头擦拭干净，装入主轴衬套中；

2）按表1－1选定载荷，加上相应的砝码；

3）安装工作台。当试样高度<120mm时应将立柱安装在升降螺杆上，然后装好工作台进行试验；

4）按表1－1确定持续时间 T，然后将紧压螺钉拧松，把圆盘上的时间定位器（红色指示点）转到与持续时间相符的位置上；

5）接通电源，打开指示灯，证明通电正常。

（3）操作程序：

1）将试样放在工作台上，顺时针转动手轮，使压头压向试样表面直至手轮对下面螺母产生相对运动为止；

2）按动加载按钮，起动电机，即开始加载荷。此时因紧压螺钉已拧松，圆盘不转动，当红色指示灯闪亮时，迅速拧紧紧压螺钉，使圆盘转动。达到所要求的持续时间后，转动即自行停止；

3）逆时针转动手轮降下工作台，取下试样用读数显微镜测出压痕直径 d 值，以此值查表即得HB值。

四、洛氏硬度（HR）

（一）洛氏硬度试验的基本原理

洛氏硬度同布氏硬度一样也属压入硬度法，但它不是测定压痕面积，而是根据压痕深度来确定硬度值指标。其试验原理如图1－3所示。

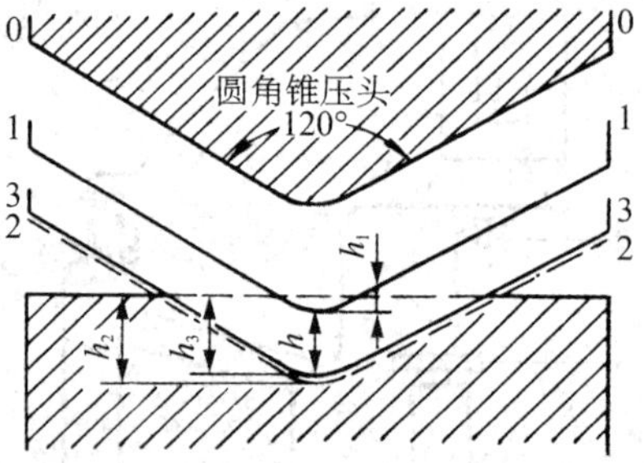

图1－3　洛氏硬度试验原理图

洛氏硬度试验所用压头有两种：一种是顶角为120°的金刚石圆锥，另一种是直径为 $\frac{1}{16}''$（1.588mm）或 $\frac{1}{8}''$（3.176mm）的淬火钢球。根据金属材料的软硬程度不一，可选用不同的压头和载荷配合使用，最常用的是HRA、HRB、HRC。这三种洛氏硬度的压头、负荷及适用范围列于表1－2。

表1－2　洛氏硬度的试验规范

符号	压头	负荷（kgf）	硬度值有效范围	使用范围
HRA	120° 金刚石圆锥	60	>70	适用测量硬质合金、表面淬火层、渗碳层
HRB	$\frac{1}{16}''$钢球	100	25～100 （HB60～230）	适用测量有色金属、退火及正火钢
HRC	120° 金刚石圆锥	150	20～67 （HB230～700）	适用测量调质钢、淬火钢

洛氏硬度测定时,需要先后两次施加载荷(预载荷和主载荷),预加载荷的目的是使压头与试样表面接触良好,以保证测量结果准确。图 1－3 中 0－0 位置为未加载荷时的压头位置,1－1 位置为加上 10kgf 预加载荷后的位置,此时压入深度为 h_1,2－2 位置为加上主载荷后的位置,此时压入深度为 h_2,h_2 包括由加载所引起的弹性变形和塑性变形,卸除主载荷后,由于弹性变形恢复而稍提高到 3－3 位置,此时压头的实际压入深度为 h_3。洛氏硬度就是以主载荷所引起的残余压入深度($h = h_3 - h_1$)来表示。但这样直接以压入深度的大小表示硬度,将会出现硬的金属硬度值小,而软的金属硬度值大的现象,这与布氏硬度所标志的硬度值大小的概念相矛盾。为了与习惯上数值越大硬度越高的概念相一致,采用一常数(K)减去($h_3 - h_1$)的差值表示硬度值。为简便起见,又规定每 0.002mm 压入深度作为一个硬度单位(即刻度盘上一小格)。

洛氏硬度值的计算公式如下:

$$HR = \frac{K - (h_3 - h_1)}{0.002}$$

式中　h_1——预加载荷压入试样的深度(mm);

h_3——卸除主载荷后压入式样的深度(mm);

K——常数,采用金刚石圆锥时 $K = 0.2$(用于 HRA,HRC),采用钢球时 $K = 0.26$(用于 HRB)。

因此,上式可改为:

$$HRC(或 HRA) = 100 - \frac{h_3 - h_1}{0.002}$$

$$HRB = 130 - \frac{h_3 - h_1}{0.002}$$

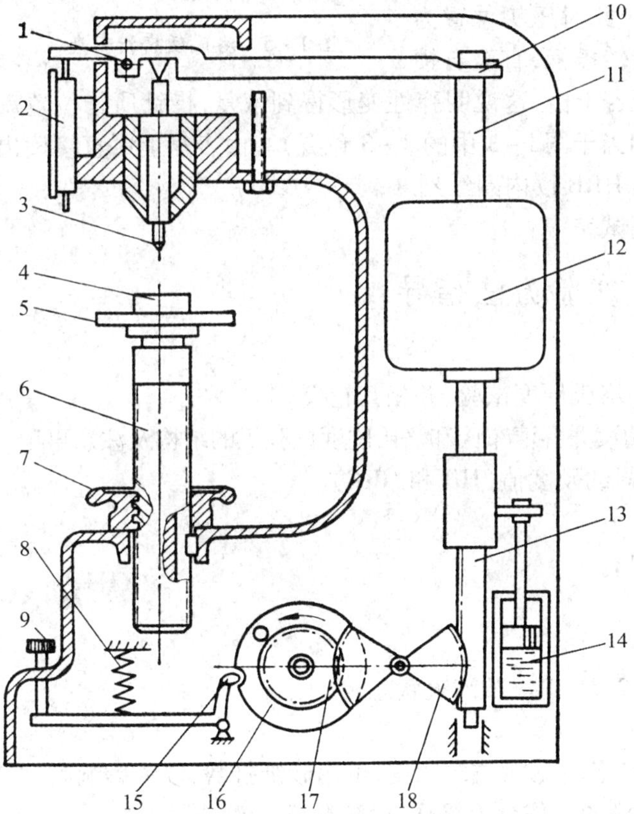

图 1－4　H－100 型洛氏硬度试验机结构图

1－支点;2－指示器;3－压头;4－试样;5－试样台;6－螺杆;7－手轮;8－弹簧;9－按钮;10－杠杆;11－纵杆;12－重锤;13－齿杆;14－油压缓冲器;15－插销;16－转盘;17－小齿轮;18－扇齿轮

(二) 测定洛氏硬度的技术要求

(1) 根据被测金属材料的硬度高低,按表 1－2 选定压头和载荷。

(2) 试样表面应平整光洁,不得有氧化皮或油污以及明显的加工痕迹。

(3) 试样厚度应不小于压入深度的 10 倍。

(4) 两相邻压痕及压痕离试样边缘的距离均不应小于 3mm。

(5) 加载时力的作用线,必须垂直于试样表面。

(三) 洛氏硬度试验机的结构和操作

(1) H－100 型杠杆式洛氏硬度试验机的结构如图 1－4 所示,其主要部分及作用如下：

1）机体及工作台：试验机有坚固的铸铁机体，在机体前面安装有不同形状的工作台，通过手轮的转动，借助螺杆的上下移动而使工作台上升或下降；

2）加载机构：由加载杠杆（横杆）及挂重架（纵杆）等组成，通过杠杆系统将载荷传至压头而压入试样，借扇形齿轮的转动可完成加载和卸载任务；

3）千分表指示盘：通过刻度盘指示各种不同的硬度值（如图1－5所示）。

（2）操作规程如下：

1）根据试样预期硬度按表1－2确定压头和载荷，并装入试验机；

2）将符合要求的试样放置在试样台上，顺时针转动手轮，使试样与压头缓慢接触，直至表盘小指针指到“0”为止，此时即已预加载荷10kgf。然后将表盘大指针调整至零点（HRA、HRC零点为0，HRB零点为30）。此时压头位置即为图1－3中的1－1位置；

3）按动按钮，平稳地加上主载荷。当表盘中大指针反向旋转若干格并停止时，持续3～4s（此时压头位置为图1－3中的2－2位置），再顺时针旋转摇柄，直至自锁为止，即卸除主载荷。此时大指针退回若干格，这说明弹性变形得到恢复，指针所指位置反映了压痕的实际深度（此时压头位置相当于图1－3中的3－3位置）。由表盘上可直接读出洛氏硬度值，HRA、HRC读外圈黑刻度，HRB读内圈红刻度；

4）逆时针旋转手轮，取出试样，测试完毕。

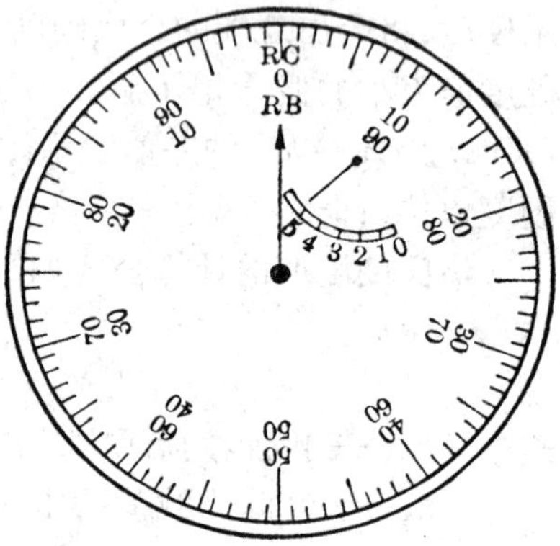

图1－5　洛氏硬度指示盘

五、实验方法指导

（一）实验内容及步骤

（1）分成两大组，分别进行布氏和洛氏硬度试验，并相互轮换。

（2）在进行试验操作前必须事先阅读并弄清布氏和洛氏硬度试验机的结构及注意事项。

（3）按照规定的操作顺序测定试样的硬度值（HB和HRC）。

（二）实验设备及材料

（1）HB－3000型布氏硬度试验机；

（2）H－100型洛氏硬度试验机；

（3）读数放大镜；

（4）试样：ϕ20×10mm 45钢和T12钢，正火及淬火状态。

（三）注意事项

（1）试样两端要平行，表面应平整，若有油污或氧化皮，可用砂纸打磨，以免影响测试。

（2）圆柱形试样应放在带有V形槽的工作台上操作，以防试样滚动。

（3）加载时应细心操作，以免损坏压头。

（4）加预载荷（10kgf）时若发现阻力太大，应停止加载，立即报告，检查原因。

（5）测完硬度值，卸掉载荷后，必须使压头完全离开试样后再取下试样。

（6）金刚钻压头系贵重物件，质硬而脆，使用时要小心谨慎，严禁与试样或其他物件碰撞。

（7）应根据硬度试验机使用范围，按规定合理选用不同的载荷和压头，超过使用范围将不能获得准确的硬度值。

（四）实验报告要求

（1）简述布氏和洛氏硬度试验原理。

（2）测定45钢正火试样的布氏硬度值HB（预期硬度HB>140），并填下表：

45钢正火 $\phi 20\times 10$mm	钢球直径 D(mm)	载荷 P(N)	持续时间(s)	P/D^2
凹痕直径 d				
HB值				

（3）测定45钢和T12钢正火及淬火试样的洛氏硬度值（HRC），并填下表：

试样材料	热处理	压头	载荷(N)	硬度值(HRC)
45钢	正火			
	淬火			
T12钢	正火			
	淬火			

实验二　铁碳合金平衡组织观察

一、实验目的

（1）研究和了解铁碳合金（碳钢及白口铸铁）在平衡状态下的显微组织。

（2）分析成分（含碳量）对铁碳合金显微组织的影响，从而加深理解成分、组织与性能之间的相互关系。

二、概　　述

铁碳合金的显微组织是研究和分析钢铁材料性能的基础，所谓平衡状态的显微组织是指合金在极为缓慢的冷却条件下（如退火状态，即接近平衡状态）所得到的组织。我们可根据 $Fe-Fe_3C$ 相图来分析铁碳合金在平衡状态下的显微组织（如图2－1所示）。

铁碳合金的平衡组织主要是指碳钢和白口铸铁组织，其中碳钢是工业上应用最广的金属材料，它们的性能与其显微组织密切有关。此外，对碳钢和白口铸铁显微组织的观察和分析，有助于加深对 $Fe-Fe_3C$ 相图的理解。

从 $Fe-Fe_3C$ 相图上可以看出，所有碳钢和白口铸铁的室温组织均由铁素体（F）和渗碳体（Fe_3C）这两个基本相所组成。但是由于含碳量不同，铁素体和渗碳体的相对数量、析出条件以及分布情况均有所不同，因而呈现各种不同的组织形态。

各种不同成分的铁碳合金在室温下的显微组织见表2－1。

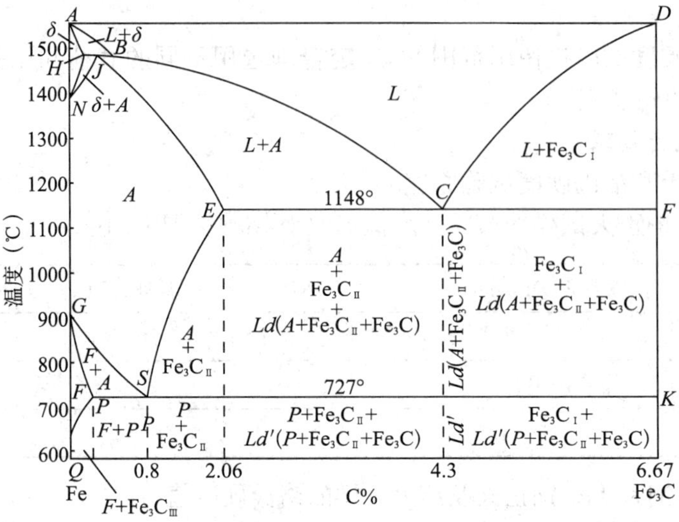

图 2－1　Fe－Fe_3C 相图

表 2－1　各种铁碳合金在室温下的显微组织

类型		含碳量（%）	显微组织	浸蚀剂
工业纯铁		<0.02	铁素体	4% 硝酸酒精溶液
碳钢	亚共析钢	0.02～0.77	铁素体＋珠光体	4% 硝酸酒精溶液
	共析钢	0.77	珠光体	4% 硝酸酒精溶液
	过共析钢	0.77～2.11	珠光体＋二次渗碳体	苦味酸钠溶液，渗碳体变黑或呈棕红色
白口铸铁	亚共晶白口铁	2.11～4.3	珠光体＋二次渗碳体＋莱氏体	4% 硝酸酒精溶液
	共晶白口铁	4.3	莱氏体	4% 硝酸酒精溶液
	过共晶白口铁	4.3～6.69	莱氏体＋一次渗碳体	4% 硝酸酒精溶液

用浸蚀剂显示的碳钢和白口铸铁，在金相显微镜下具有下面几种基本组织组成物。

（1）铁素体（F）——是碳在 α－Fe 中的固溶体。铁素体为体心立方晶格，具有磁性及良好塑性，硬度较低。用 3～4% 硝酸酒精溶液浸蚀后，在显微镜下呈现明亮的等轴晶粒；亚共析钢中铁素体呈块状分布；当含碳量接近于共析成分时，铁素体则呈断续的网状分布于珠光体周围。

（2）渗碳体（Fe_3C）——是铁与碳形成的一种化合物，其碳含量为 6.69%，质硬而脆，耐腐蚀性强，经 3～4% 硝酸酒精溶液浸蚀后，渗碳体呈亮白色，若用苦味酸钠溶液浸蚀，则渗碳体能被染成暗黑色或棕红色，而铁素体仍为白色，由此可区别铁素体与渗碳体。按照成分和形成条件的不同，渗碳体可以呈现不同的形态：一次渗碳体（初生相）是直接由液体中析出的，故在白口铸铁中呈粗大的条片状；二次渗碳体（次生相）是从奥氏体中析出的，往往呈网络状沿奥氏体晶界分布；三次渗碳体是由铁素体中析出的，通常呈不连续薄片状存在于铁素体晶界处，数量极微，可忽略不计。

（3）珠光体（P）——是铁素体和渗碳体的机械混合物，在一般退火处理情况下是由铁素体与渗碳体相互混合交替排列形成的层片状组织。经硝酸酒精溶液浸蚀后，在不同放大倍数的显微镜下可以看到具有不同特征的珠光体组织（如图 2－2 所示）。在高倍放大时能清楚地看到珠光体中平行相间的宽条铁素体和细条渗碳体；当放大倍数较低时，由于显微镜的鉴别能力小于渗碳体片厚度，这时珠光体中的渗碳体就只能看到是一条黑线，当组织较细而放大倍数较低时，珠光体的片层就不能分辨，而呈黑色。

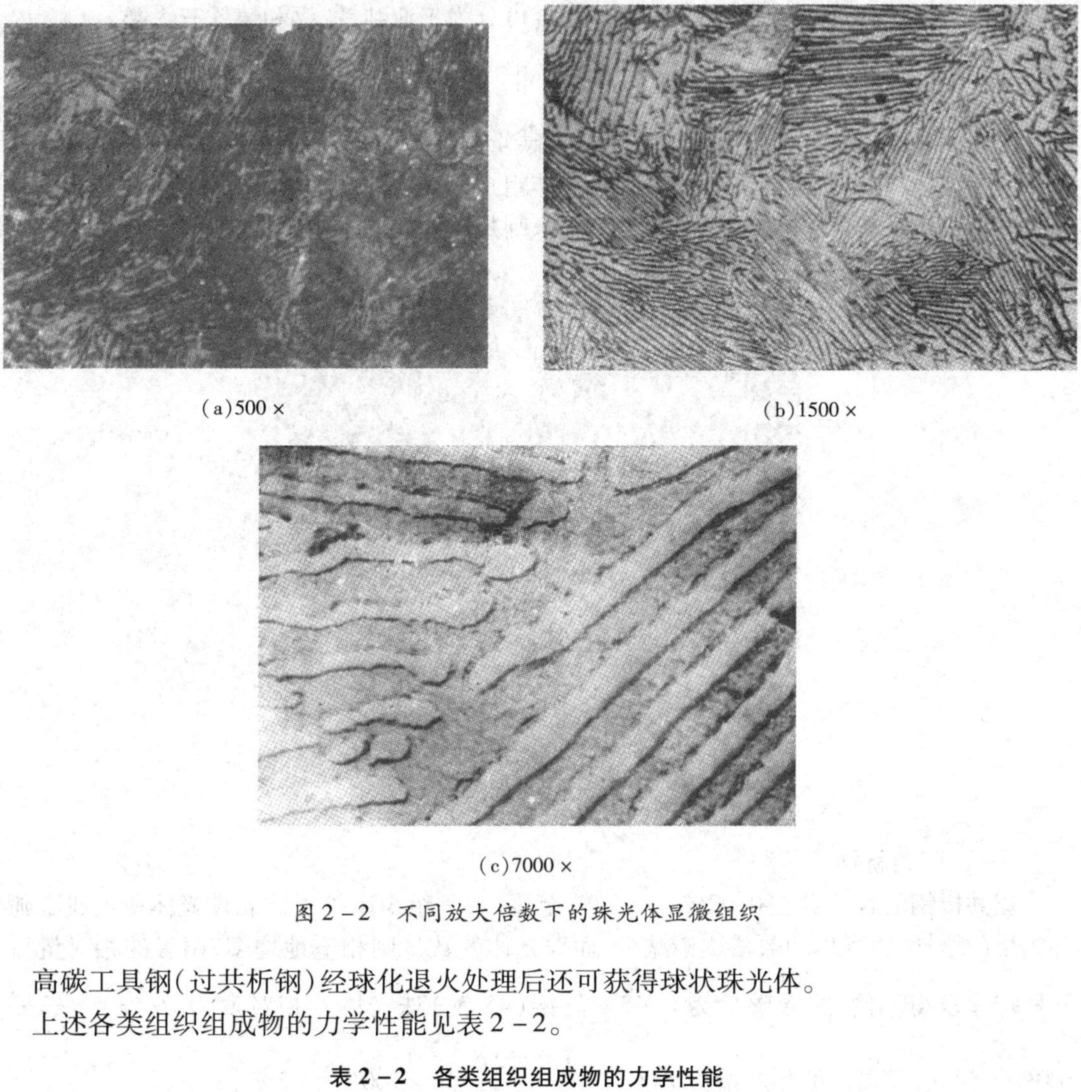

(a)500 ×　(b)1500 ×

(c)7000 ×

图 2－2　不同放大倍数下的珠光体显微组织

高碳工具钢（过共析钢）经球化退火处理后还可获得球状珠光体。

上述各类组织组成物的力学性能见表 2－2。

表 2－2　各类组织组成物的力学性能

性能 / 组成物	硬度 HB	抗拉强度 σ_b (MPa)	断面收缩率 ψ (%)	伸长率 δ (%)	冲击功 A_k (J)
铁素体	60～90	120～230	60～75	40～50	160
渗碳体	750～820	30～35	—	—	≈0
片状珠光体	190～230	860～900	10～15	9～12	24～32
球状珠光体	160～190	850～750	18～25	18～25	32～27

(4) 莱氏体(Ld′)——是在室温时珠光体及二次渗碳体和渗碳体所组成的机械混合物。含碳量为4.3%的共晶白口铸铁在1148℃时形成由奥氏体和渗碳体组成的共晶体，其中，奥氏体冷却时析出二次渗碳体，并在727℃以下分解为珠光体。莱氏体的显微组织特征是在亮白色的渗碳体基底上相间地分布着暗黑色斑点及细条状的珠光体。二次渗碳体和共晶渗碳体连在一起，从形态上难以区分。莱氏体的金相特征可参看图2-7。

根据组织特点及碳含量的不同，铁碳合金可分为工业纯铁、钢和铸铁三大类。

三、工 业 纯 铁

纯铁在室温下具有单相铁素体组织。含碳量<0.02%的铁碳合金通常称为工业纯铁，它为两相组织，即由铁素体和少量三次渗碳体组成。图2-3所示为工业纯铁的显微组织，其中黑色线条是铁素体的晶界，而亮白色基底则是铁素体的不规则等轴晶粒，在某些晶界处可以看到不连续的薄片状三次渗碳体。

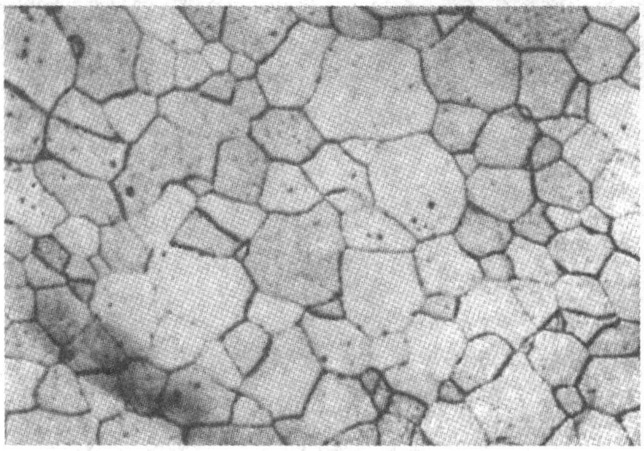

图2-3　工业纯铁显微组织

四、钢

(一) 亚共析钢

亚共析钢的含碳量在0.02%~0.77%范围内，其组织由铁素体和珠光体所组成。随着含碳量的增加，铁素体的数量逐渐减少，而珠光体的数量则相应地增多，两者的相对量可由杠杆定律求得。例如：含碳量为0.45%的钢(45钢)珠光体的相对量为 $P(\%)=\frac{0.45}{0.77}\times100\%=58\%$，铁素体的相对量为 $F(\%)=\frac{0.77-0.45}{0.77}\times100\%=42\%$。

另外，也可通过直接在显微镜下观察珠光体和铁素体各自所占面积的百分数，近似地计算出钢的碳含量，即碳含量≈$P\times0.77\%$，其中 P 为珠光体所占面积百分数。例如，在显微镜下观察到有50%的面积为珠光体，50%的面积为铁素体，则此钢的含碳量 $C\%=\frac{50\times0.77}{100}=0.39\%$（室温下铁素体含碳量极微，约为0.008%，可忽略不计），即相当于40钢。

图2-4所示为亚共析钢(20钢和45钢)的显微组织，其中亮白色为铁素体，暗黑色为珠光体。

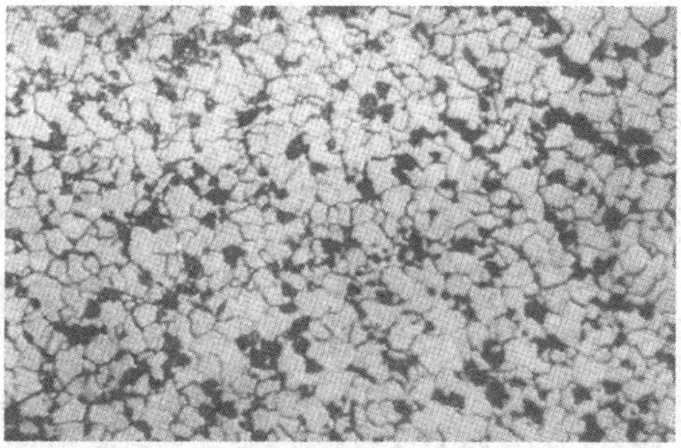

(a)20 钢(100×)
浸蚀剂:4% 硝酸酒精溶液

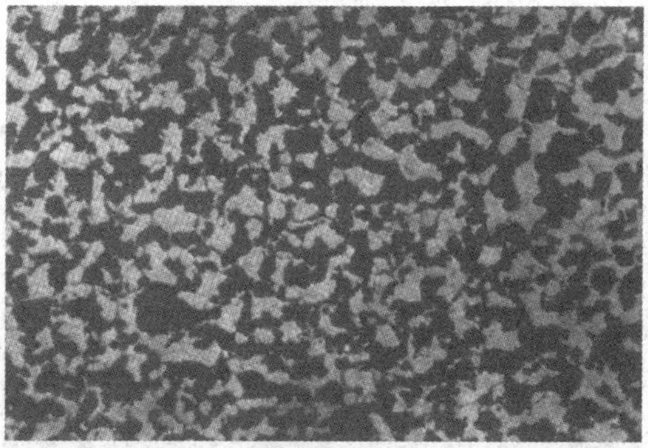

(b)45 钢(100×)
浸蚀剂:4% 硝酸酒精溶液图

图 2-4 亚共析钢显微组织

(二) 共析钢

含碳量为 0.77% 的碳钢称为共析钢,它由单一的珠光体组成,组织如图 2-2 所示。

(三) 过共析钢

含碳量超过 0.77% 的碳钢称为过共析钢,它在室温下的组织由珠光体和二次渗碳体组成。钢中含碳量越多,二次渗碳体数量就越多。

图 2-5 表示含碳量为 1.2% 的过共析钢的显微组织。组织形态为层片相间的珠光体和细小的网络状渗碳体,经硝酸酒精溶液浸蚀后珠光体呈暗黑色,而二次渗碳体呈白色细网状,如图 2-5(a)所示;若采用苦味酸钠溶液浸蚀,渗碳体就被染成黑色,而铁素体仍保留白色,如图 2-5(b)所示。

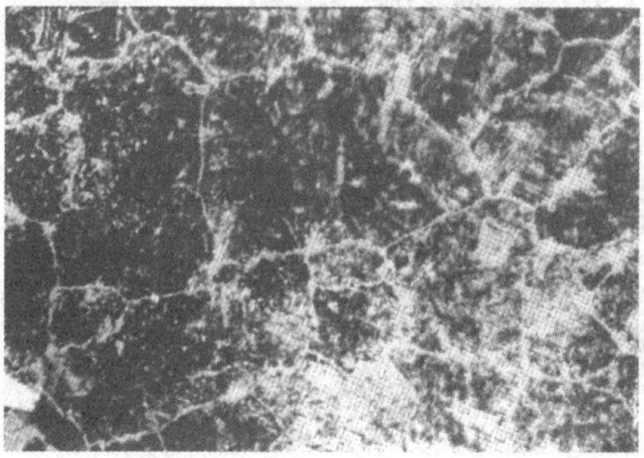

(a)
浸蚀剂:4% 硝酸酒精溶液

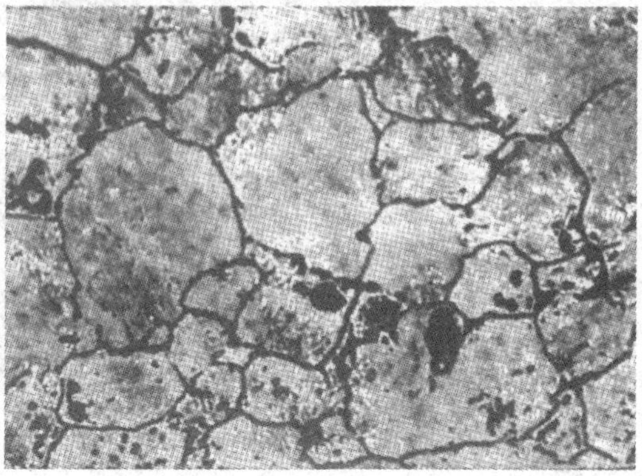

(b)
浸蚀剂:碱性苦味酸钠溶液

图 2-5 过共析钢(T12)显微组织

五、铸 铁

(一) 亚共晶白口铸铁

含碳量 <4.3% 的白口铸铁称为亚共晶白口铸铁。在室温下亚共晶白口铸铁的组织为珠光体、二次渗碳体和莱氏体,如图 2-6 所示。用硝酸酒精溶液浸蚀后在显微镜下呈现黑

色枝晶状的珠光体和斑点状莱氏体。

（二）共晶白口铸铁

共晶白口铸铁的含碳量为4.3%，它在室温下的组织由单一的共晶莱氏体组成。经浸蚀后，在显微镜下珠光体呈暗黑色细条及斑点状，渗碳体呈亮白色，如图2-7所示。

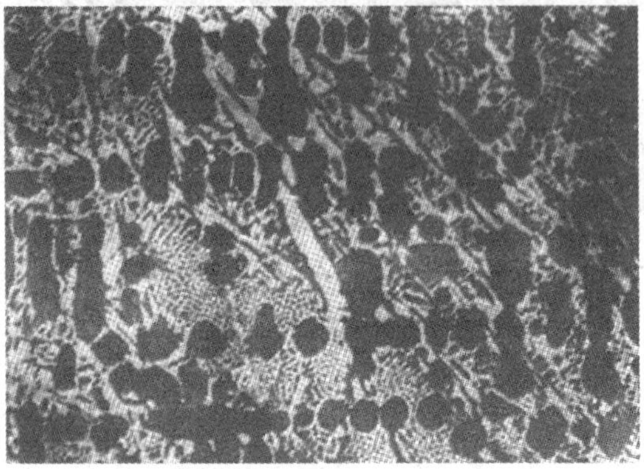

浸蚀剂:4%硝酸酒精溶液

图2-6 亚共晶白口铸铁显微组织

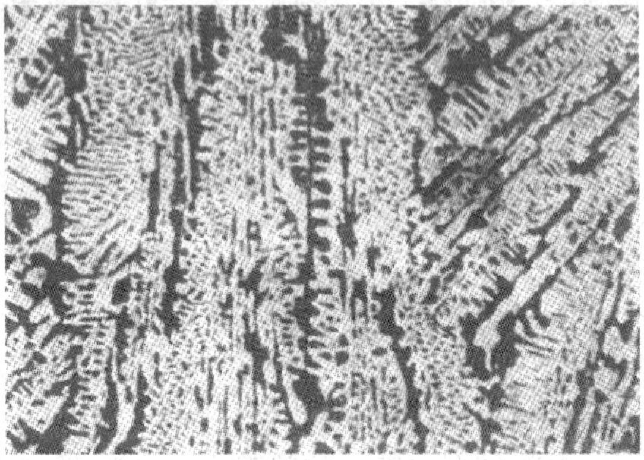

浸蚀剂:4%硝酸酒精溶液

图2-7 共晶白口铸铁显微组织

（三）过共晶白口铸铁

含碳量大于4.3%的白口铸铁称为过共晶白口铸铁，在室温时的组织由一次渗碳体和莱氏体组成。用硝酸酒精溶液浸蚀后，在显微镜下可观察到在暗色斑点状的莱氏体基底上分布着亮白色粗大条片状的一次渗碳体，如图2-8所示。

浸蚀剂:4%硝酸酒精溶液

图2-8 过共晶白口铸铁显微组织

六、实验方法指导

（一）实验内容及步骤

（1）在本实验中，学生应根据铁碳合金相图分析各类成分合金的组织形成过程，并通过对铁碳合金平衡组织的观察和分析，熟悉钢和铸铁的金相组织和形态特征，以进一步建立成分与组织之间相互关系的概念。

（2）实验前学生应复习讲课中的有关部分并阅读实验指导书，为实验做好理论方面的准备。

（3）在显微镜下对各种试样进行观察和分析，并确定其所属类型。

（4）绘出所观察到的显微组织图。画图时应抓住组织形态的特征，并在图中表示出来。

（5）根据显微组织近似地确定亚共析钢（20 钢或 45 钢）中的平均含碳量。

（二）实验设备及材料

（1）金相显微镜；

（2）金相图谱；

（3）各种铁碳合金的显微样品（见表 2－3）。

表 2－3　几种碳钢和白口铸铁的显微样品

编号	材料	热处理	组织名称及特征	浸蚀剂	放大倍数
1	工业纯铁	退火	铁素体（呈等轴晶粒）和微量三次渗碳体（薄片状）	4% 硝酸酒精溶液	100～500
2	20 钢	退火	铁素体（呈块状）和少量珠光体	4% 硝酸酒精溶液	100～500
3	45 钢	退火	铁素体（呈块状）和相当数量珠光体	4% 硝酸酒精溶液	100～500
4	T8 钢	退火	铁素体（宽条状）和渗碳体（细条状）相间交替排列	4% 硝酸酒精溶液	100～500
5	T12 钢	退火	珠光体（暗色基底）和二次渗碳体（细网络状）	4% 硝酸酒精溶液	100～500
6	T12 钢	退火	珠光体（呈浅色晶粒）和二次渗碳体（黑色网状）	苦味酸钠溶液	100～500
7	亚共晶白口铁	铸态	珠光体（呈黑色枝晶状）、莱氏体和二次渗碳体（枝晶周围）	4% 硝酸酒精溶液	100～500
8	共晶白口铁	铸态	莱氏体，即珠光体（黑色细条及斑点状）和渗碳体（亮白色）	4% 硝酸酒精溶液	100～500
9	过共晶白口铁	铸态	莱氏体（暗色斑点）和一次渗碳体（粗大条片状）	4% 硝酸酒精溶液	100～500

（三）注意事项

（1）在观察显微组织时，可先用低倍全面地进行观察，找出典型组织，然后再用高倍放大，对部分区域进行详细地观察。

（2）在移动金相试样时，不得用手指触摸试样表面或将试样重叠起来，以免引起显微组织模糊不清，影响观察。

（3）画组织图时应抓住组织形态的特点，画出典型区域的组织，注意不要将磨痕或杂质画在图上。

（四）实验报告要求

（1）明确本次实验目的。

（2）画出所观察过的组织，并注明材料名称、含碳量、浸蚀剂和放大倍数。显微组织图画在直径为 30mm 的圆内，并将组织组成物名称以箭头引出标明。

（3）根据所观察的显微组织近似地确定和估算一种亚共析钢的含碳量。

（4）本次实验的心得体会。

实验三　碳钢的热处理

一、实 验 目 的

（1）了解碳钢的基本热处理（退火、正火、淬火及回火）工艺方法。

（2）研究冷却条件与钢性能的关系。

（3）分析淬火及回火温度对钢性能的影响。

二、概　　述

热处理是一种很重要的金属加工工艺方法，也是充分发挥金属材料性能的重要手段。热处理主要目的是改变钢的性能，其中包括使用性能及工艺性能。钢的热处理工艺特点是将钢加热到一定的温度，经一定时间保温，然后以某种速度冷却，通过这样的工艺过程能使钢的性能发生改变。

钢的性能发生显著变化主要是由于钢的内部组织结构可以发生一系列变化。采用不同的热处理工艺过程，将会使钢得到不同的组织结构，从而获得所需性能。

钢的热处理基本工艺方法可分为退火、正火、淬火及回火等。

三、钢的退火和正火

钢的退火是把钢加热到临界温度 A_{c1} 或 A_{c3} 以上，保温一段时间，然后缓慢地随炉冷却。此时奥氏体在高温区发生分解而得到比较接近平衡状态的组织。

一般中碳钢经退火后组织稳定，硬度较低（HB180 ~ 220）有利于下一步进行切削加工。

正火则是将钢加热到 A_{c3} 或 A_{cm} 以上 30 ~ 50℃，保温后进行空冷。由于冷却速度稍快，与退火组织相比，组织中的珠光体相对量较多，且片层较细密，所以性能有所改善。对低碳钢来说，正火后提高硬度可改善切削加工性，减小零件表面粗糙度；对高碳钢则正火可消除网状渗碳体，为下一步球化退火及淬火作准备。不同含碳量的碳钢在退火及正火状态下的强度和硬度值如表 3 – 1 所示。

表 3 – 1　碳钢在退火及正火状态下的力学性能

性能	热处理状态	含碳量（%）		
		≤0.1	0.2 ~ 0.3	0.4 ~ 0.6
硬度（HB）	退火	~ 120	150 ~ 160	180 ~ 230
	正火	130 ~ 140	160 ~ 180	220 ~ 250
强度 σ_b（MPa）	退火	300 ~ 330	420 ~ 500	560 ~ 670
	正火	340 ~ 360	480 ~ 550	660 ~ 760

四、钢 的 淬 火

所谓淬火就是将钢加热到 A_{c3}（亚共析钢）或 A_{c1}（过共析钢）以上 30 ~ 50℃，保温后放入各种不同冷却介质中快速冷却，以获得马氏体组织。钢经过淬火后的组织由马氏体及一定数量的残余奥氏体组成。

为了正确进行钢的淬火，必须考虑下列三个重要因素：淬火加热温度、保温时间和冷却速度。

（一）淬火温度的选择

正确选定加热温度是保证淬火质量的重要一环。淬火的具体加热温度主要取决于钢的含碳量，可根据铁碳相图来确定（如图 3－1 所示）。对亚共析钢，其加热温度为 $A_{c3}+30\sim50℃$，若加热温度不足，则淬火组织中将出现铁素体而造成强度及硬度的降低。对过共析钢，加热温度为 $A_{c1}+30\sim50℃$，淬火后可得到细小的马氏体与粒状渗碳体。后者的存在可提高钢的硬度和耐磨性。过高的加热温度（如超过 A_{cm}）不仅无助于强度、硬度的增加，反而会由于产生过多的残余奥氏体而导致硬度和耐磨性的下降。

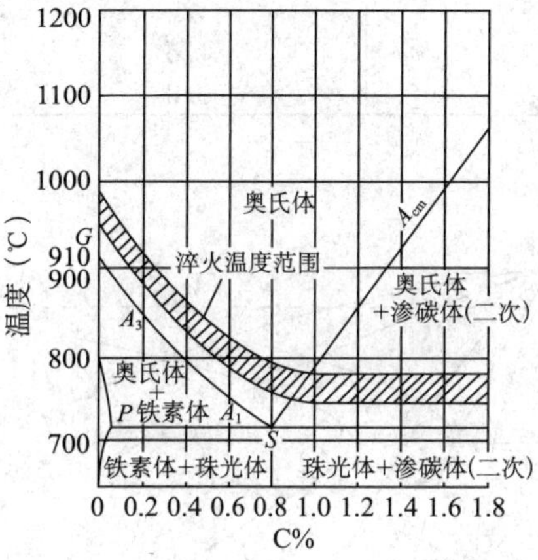

图 3－1　碳钢正常淬火温度范围

需要指出，不论在退火、正火及淬火时，均不能任意提高加热温度。温度过高晶粒容易长大，而且增加氧化脱碳和变形的倾向。各种不同成分碳钢的临界温度见表 3－2。

表 3－2　各种碳钢的临界温度（近似值）

类别	钢号	临界温度（℃）			
		A_{c1}	A_{c3} 或 A_{cm}	A_{r1}	A_{r3}
碳素结构钢	20	735	855	680	835
	30	732	813	677	835
	40	724	790	680	796
	45	724	780	682	760
	50	725	760	690	750
	60	727	766	695	721
碳素工具钢	T7	730	770	700	743
	T8	730	—	700	—
	T10	730	800	700	—
	T12	730	820	700	—
	T13	730	830	700	—

（二）保温时间的确定

淬火加热时间实际上是将试样加热到淬火温度所需的时间及在淬火温度停留所需时间的总和。加热时间与钢的成分、工件的形状尺寸、所用的加热介质、加热方法等因素有关，一般按照经验公式加以估算，碳钢在电炉中加热时间的计算列于表 3－3。

表 3－3　碳钢在箱式电炉中加热时间的确定

加热温度(℃)	工件形状		
	圆柱形	方形	板形
	保温时间		
	分钟/每毫米厚度	分钟/每毫米厚度	分钟/每毫米厚度
700	1.5	2.2	3
800	1.0	1.5	2
900	0.8	1.2	1.6
1000	0.4	0.6	0.8

（三）冷却速度的影响

冷却是淬火的关键工序，它直接影响到钢淬火后的组织和性能。冷却时应使冷却速度大于临界冷却速度，以保证获得马氏体组织；在这个前提下又应尽量缓慢冷却，以减小内应力，防止变形和开裂。为此，可根据 *C* 曲线图（如图 3－2 所示），使淬火工件在过冷奥氏体最不稳定的温度范围(650～550℃)进行快冷（即与 *C* 曲线的“鼻尖”相切），而在较低温度(300～100℃)时的冷却速度则尽可能小些。

为了保证淬火效果，应选用适当的冷却介质（如水、油等）和冷却方法（如双液淬火、分级淬火等）。不同的冷却介质在不同的温度范围内的冷却能力有所差别。各种冷却介质的特性见表 3－4。

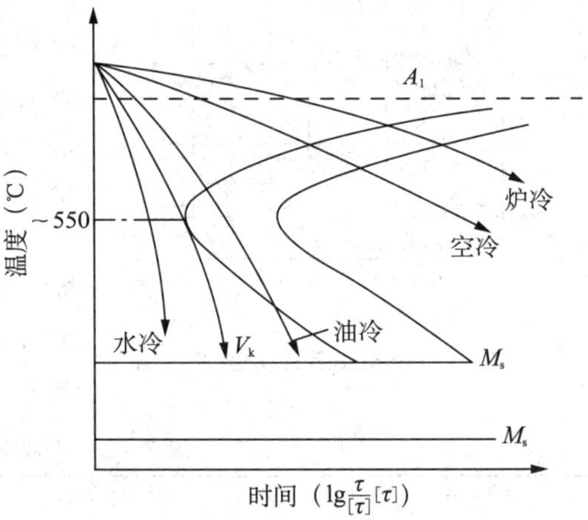

图 3－2　在共析钢 *C* 曲线上估计连续冷却速度的影响

表 3－4　几种常用淬火介质的冷却能力

冷却介质	在下列温度范围内的冷却速度(℃/s)	
	650～550℃	300～200℃
18℃的水	600	270
26℃的水	500	270
50℃的水	100	270
74℃的水	30	200
10% NaCl 水溶液(18℃)	1100	300
10% NaOH 水溶液(18℃)	1200	300
10% Na_2CO_3 水溶液(18℃)	800	270
蒸馏水	250	200
肥皂水	30	200
菜籽油(50℃)	200	35
矿物机器油(50℃)	150	30
变压器油(50℃)	120	25

五、钢的回火

钢经淬火后得到的马氏体组织质硬而脆,并且工件内部存在很大的内应力,如果直接进行磨削加工往往会出现龟裂;一些精密的零件在使用过程中会引起尺寸变化而失去精度,甚至开裂。因此淬火钢必须进行回火处理。不同的回火工艺可以使钢获得所需的各种不同性能。表3-5所示为45钢淬火后经不同温度回火后的组织及性能。

表3-5 45钢经淬火及不同温度回火后的组织和性能

类型	回火温度(℃)	回火后组织	回火后硬度(HRC)	性能特点
低温回火	150~250	回火马氏体+残余奥氏体+碳化物	60~57	高硬度,内应力减小
中温回火	350~500	回火屈氏体	35~45	硬度适中,有高的弹性
高温回火	500~650	回火索氏体	20~33	具有良好塑性、韧性和一定强度相配合的综合性能

对碳钢来说,回火工艺的选择主要是考虑回火温度和保温时间这两个因素。

回火温度:在实际生产中通常以图纸上所要求的硬度要求作为选择回火温度的依据。各种钢材的回火温度与硬度之间的关系曲线可从有关手册中查阅。现将几种常用的碳钢(45、T8、T10和T12钢)回火温度与硬度的关系列于表3-6。

表3-6 各种不同温度回火后的硬度值(HRC)

回火温度	45钢	T8钢	T10钢	T12钢
150~200℃	60~54	64~60	64~62	65~62
200~300℃	54~50	60~55	62~56	62~57
300~400℃	50~40	55~45	56~47	57~49
400~500℃	40~33	45~35	47~38	49~38
500~600℃	33~24	35~27	38~27	38~28

注:由于具体处理条件不同,上述数据仅供参考。

也可以采用经验公式近似地估算回火温度。例如45钢的回火温度经验公式为:

$$T(℃) \approx 200 + K(60 - x)$$

式中 K——系数,当回火后要求的硬度值>HRC30时,$K=11$;<HRC30时,$K=12$。

x——所要求的硬度值(HRC)。

保温时间:回火温度时间与工件材料及尺寸、工艺条件等因素有关,通常采用1~3h。由于实验所用试样较小,故回火保温时间可为30min,回火后在空气中冷却。

六、实验方法指导

(一) 实验内容及步骤

(1) 淬火部分的内容及具体步骤:

1）根据淬火条件不同，分五个小组进行，见表3－7；

表3－7　淬火实验

组别	淬火加热温度(℃)	冷却方式	20钢		45钢		T12钢	
			处理前硬度	处理后硬度	处理前硬度	处理后硬度	处理前硬度	处理后硬度
1	1000℃	水冷						
2	750℃	水冷						
3	860℃	空冷						
4	860℃	油冷						
5	860℃	水冷						

注：1～4组各种钢号各一块；5组除20、T12钢各一块外，45钢取五块，以供回火用。

2）加热前先将全部试样测定硬度。为便于比较，一律用洛氏硬度测定；

3）根据试样钢号，按照 $Fe-Fe_3C$ 相图确定淬火加热温度及保温时间（可按1分钟每毫米直径计算）；

4）各组将淬火及正火后的试样表面用砂纸（或砂轮）磨平，并测出硬度值（HRC）填入表3－7中。

（2）回火部分的内容及具体步骤：

1）根据回火温度不同，分五个小组进行，见表3－8。各小组将已经正常淬火并测定过硬度的45钢试样分别放入指定温度的炉内加热，保温30min，然后取出空冷；

2）用砂纸磨光表面，分别在洛氏硬度机上测定硬度值；

3）将测定的硬度值分别填入表3－8中。

表3－8　回火实验

组别	1	2	3	4	5
回火温度	200℃	300℃	400℃	500℃	600℃
回火前HRC					
回火后HRC					

（二）实验设备及材料

（1）箱式电炉及控温仪表；

（2）水银温度计；

（3）洛氏硬度机；

（4）冷却剂：水，油（使用温度约20℃）；

（5）试样：20钢，45钢，T12钢。

（三）注意事项

（1）本实验加热所用都为电炉，由于有些电炉炉内电阻丝距离炉膛较近，容易漏电，所以电炉一定要接地，在放、取试样时必须先切断电源。

（2）往炉中放、取试样必须使用夹钳，夹钳必须擦干，不得沾有油和水。开关炉门要迅速，炉门打开时间不宜过长。

（3）试样由炉中取出淬火时，动作要迅速，以免温度下降，影响淬火质量。

（4）试样在淬火液中应不断搅动，否则试样表面会由于冷却不均而出现软点。

（5）淬火时水温应保持 20～30℃左右，水温过高要及时换水。

（6）淬火或回火后试样均要用砂纸打磨表面，去掉氧化皮后再测定硬度值。

（四）实验报告要求

（1）明确本次实验目的。

（2）分析加热温度与冷却速度对钢性能的影响。

（3）绘制出 45 钢回火温度与硬度的关系曲线图。

（4）分析实验中存在的问题。

实验四　碳钢热处理后的显微组织观察

一、实 验 目 的

（1）观察和研究碳钢经不同形式热处理后显微组织的特点。

（2）了解热处理工艺对钢组织和性能的影响。

二、概　　述

铁碳合金经缓冷后的显微组织基本上与铁碳相图所预料的各种平衡组织相符合，但碳钢在不平衡状态，即在快冷条件下的显微组织就不能用铁碳合金相图来加以分析，而应由过冷奥氏体等温转变曲线图——*C* 曲线来确定。图 4－1 为共析碳钢的 *C* 曲线图。

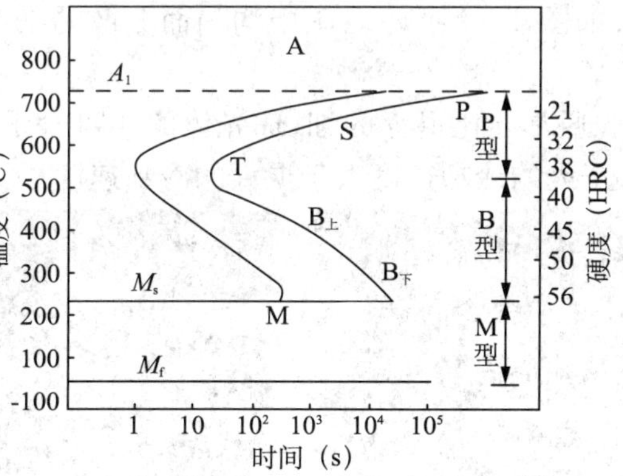

图 4－1　共析碳钢的 *C* 曲线图

按照不同的冷却条件，过冷奥氏体将在不同的温度范围发生不同类型的转变。通过金相显微镜观察，可以看出过冷奥氏体各种转变产物的组织形态各不相同。共析碳钢过冷奥氏体在不同温度转变的组织特征及性能如表 4－1 所示。

表 4－1　共析碳钢(T8)过冷奥氏体在不同温度转变的组织特征及性能

转变类型	组织名称	形成温度范围(℃)	金相显微组织特征	硬度(HRC)
珠光体型相变	珠光体(P)	>650	在 400～500 倍金相显微镜下可观察到铁素体和渗碳体的片层状组织	～20(HB180～200)
	索氏体(S)	600～650	在 800～1000 倍以上的显微镜下才能分清片层状特征，在低倍下片层模糊不清	25～35
	屈氏体(T)	550～600	用光学显微镜观察时呈黑色团状组织，只有在电子显微镜(5000～15000×)下才能看出片层组织	35～40
贝氏体型相变	上贝氏体(B上)	350～550	在金相显微镜下呈暗灰色的羽毛状特征	40～48
	下贝氏体(B下)	230～350	在金相显微镜下呈黑色针叶状特征	48～58
马氏体型相变	马氏体(M)	<230	在正常淬火温度下呈细针状马氏体(隐晶马氏体)，过热淬火时则呈粗大片状马氏体	62～65

三、钢的退火和正火组织

属于亚共析成分的碳钢(如 40、45 钢等)一般采用完全退火，经退火后可得到接近于平衡状态的组织，其组织特征已在实验二中加以分析和观察。过共析成分的碳素工具钢(如 T10、T12 钢等)则都采用球化退火，T12 钢经球化退火后组织中的二次渗碳体及珠光体中的渗碳体都将变成颗粒状，如图 4－2 所示。图中均匀而分散的细小粒状组织就是粒状渗碳体。

45 钢经正火后的组织通常要比退火的细，珠光体的相对含量也比退火组织中的多(如图 4－3 所示)，原因在于正火的冷却速度大于退火的冷却速度。

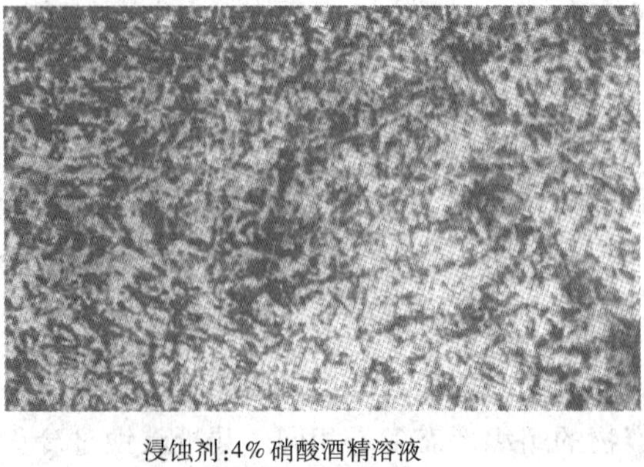

浸蚀剂:4% 硝酸酒精溶液

图 4－2　T12 钢经球化退火后的显微组织(400×)

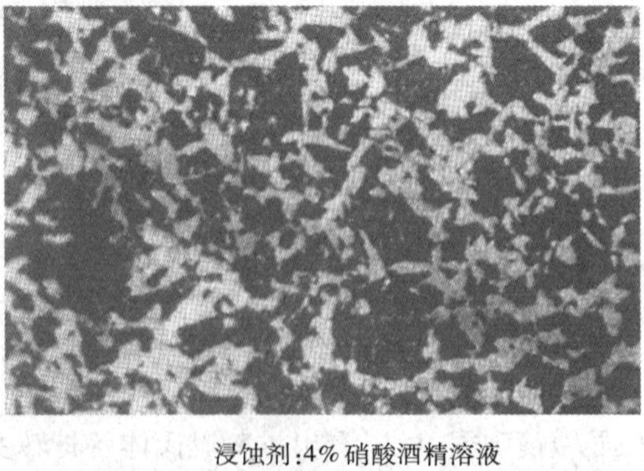

浸蚀剂:4% 硝酸酒精溶液

图 4－3　45 钢经正火后的显微组织(400×)

四、钢的淬火组织

将 45 钢加热到 760℃（即 A_{c1} 以上，但低于 A_{c3}），然后在水中冷却，这种淬火称为不完全淬火。根据 Fe－Fe_3C 相图可知，在这个温度加热，部分铁素体尚未溶入奥氏体中。经淬火后将得到马氏体和铁素体组织。在金相显微镜中观察到的是呈暗色针状马氏体基体上分布有白色块状铁素体，如图 4－4 所示。

45 钢经正常淬火后将获得细针状马氏体，如图 4－5 所示。由于马氏体针非常细小，在显微镜中不易分清。若将淬火温度提高到 1000℃（过热淬火），由于奥氏体晶粒的粗化，经淬火后将得到粗大针状马氏体组织，如图 4－6 所示。若将 45 钢加热到正常淬火温度，然后在油中冷却，则由于冷却速度不足（$v_{冷} < v_K$），得到的组织将是马氏体和部分屈氏体（或混有少量贝氏体）。图 4－7 为 45 钢经加热到 860℃后油冷的显微组织，亮白色为马氏体，呈黑色块状分布于晶界处的为屈氏体。T12 钢在正常温度淬火后的显微组织如图 4－8 所示，除了细小的马氏体外尚有部分未溶入奥氏体中的渗碳体（呈亮白色颗粒）。当 T12 钢在较高温度淬火时，显微组织出现粗大的马氏体，并且还有一定数量（15%～30%）的残余奥氏体（呈亮白色）存在于马氏体针之间，如图 4－9 所示。

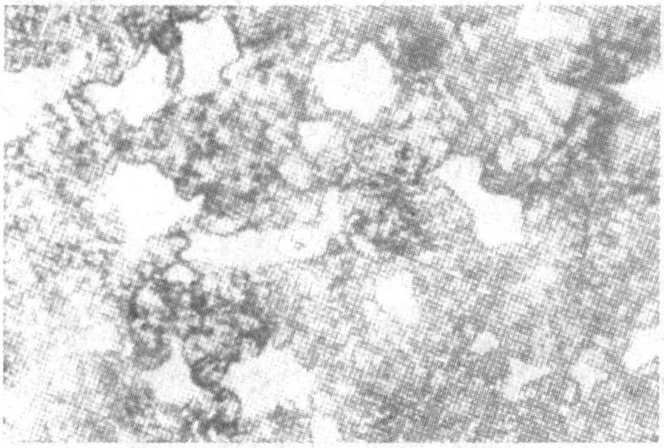

浸蚀剂：4%硝酸酒精溶液

图 4－4　45 钢在 760℃不完全淬火后的显微组织（500×）

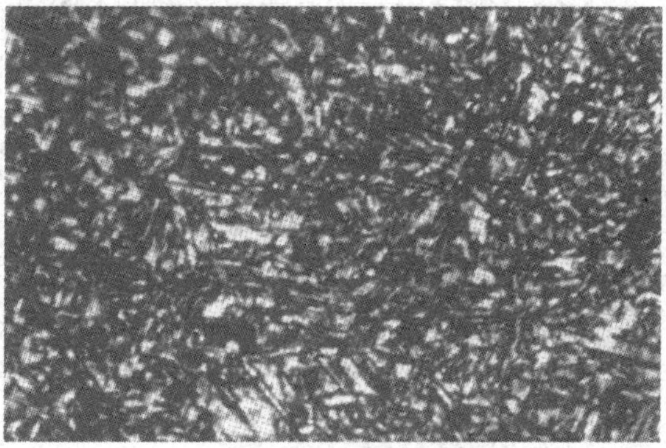

浸蚀剂：4%硝酸酒精溶液

图 4－5　45 钢经 860℃正常淬火后的显微组织（500×）

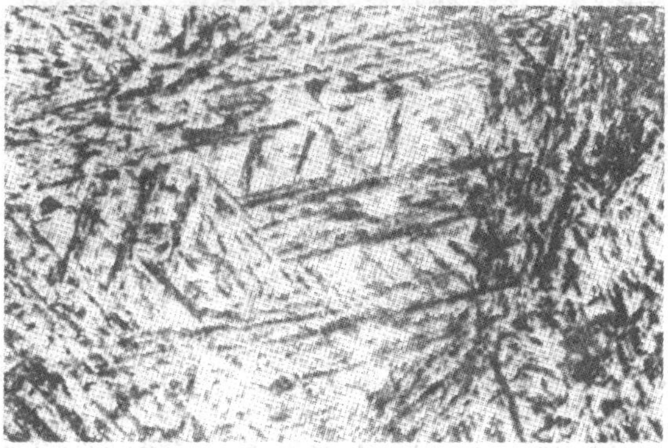

浸蚀剂：4%硝酸酒精溶液

图 4－6　45 钢经 1000℃过热淬火后的显微组织（500×）

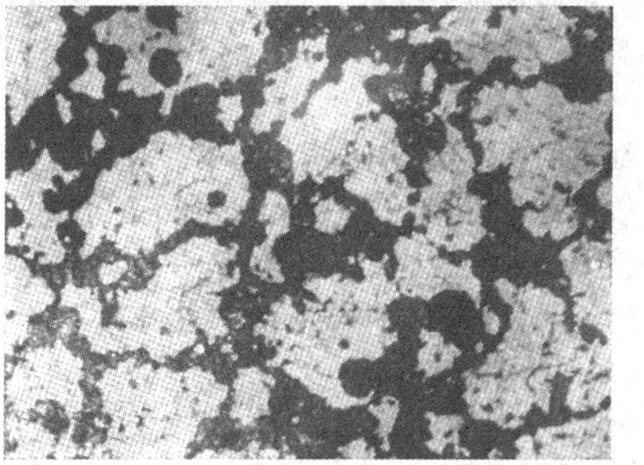

浸蚀剂：4%硝酸酒精溶液

图 4－7　45 钢经 860℃淬油后的显微组织（500×）

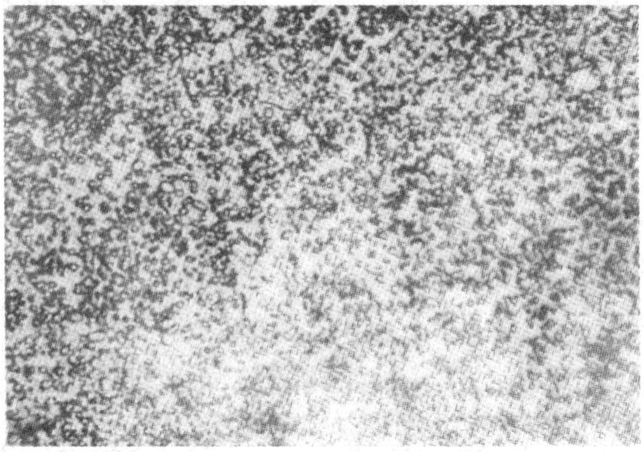

浸蚀剂:4%硝酸酒精溶液

图 4-8　T12 钢经 800℃正常淬火后的显微组织(500×)

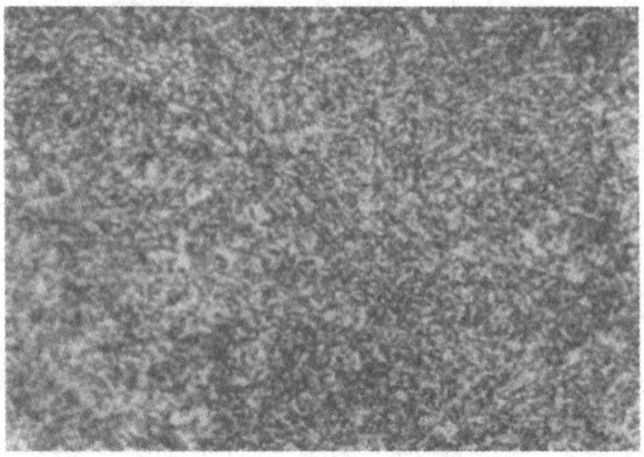

浸蚀剂:4%硝酸酒精溶液

图 4-9　T12 钢经 1000℃过热淬火后的显微组织(500×)

五、淬火后的回火组织

钢经淬火后所得到的马氏体和残余奥氏体均为不稳定组织,它们具有向稳定的铁素体和渗碳体的两相混合物组织转变的倾向。通过回火将钢加热,提高原子活动能力,可促使这个转变过程的进行。

淬火钢经不同温度回火后所得到的组织不同,通常按组织特征分为以下三种:

(一) 回火马氏体

淬火钢经低温回火(150~250℃),马氏体内的过饱和碳原子脱溶沉淀,析出与母相保持着共格联系的 ε 碳化物,这种组织称为回火马氏体。回火马氏体仍保持针片状特征,但容易受浸蚀,故颜色要比淬火马氏体深些,是暗黑色的针状组织,如图 4-10 所示。

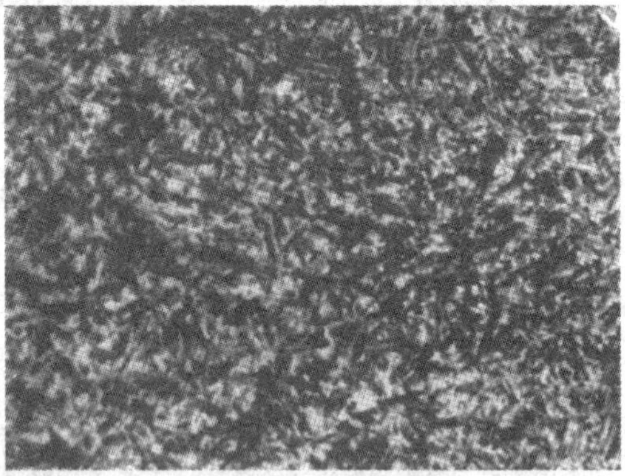

浸蚀剂:4%硝酸酒精溶液

图 4-10　45 钢经淬火及 200℃回火后的显微组织(500×)

(二) 回火屈氏体

淬火钢经中温回火(350~500℃),得到在铁素体基体中弥散分布着微小粒状渗碳体的组织,称为回火屈氏体。回火屈氏体中的铁素体仍然基本保持原来针状马氏体的形态,渗碳体则呈细小的颗粒状,在光学显微镜下不易分辨清楚,故呈暗灰色,如图 4-11(a)所示。用电子显微镜可以看到这些渗碳体质点,并可以看出回火屈氏体仍保持有针状马氏体的位向,如图 4-11(b)所示。

(三) 回火索氏体

淬火钢高温回火(500~650℃)得到的组织称为回火索氏体,其特征是已经聚集长大了的渗碳体颗粒均匀分布在铁素体基体上,如图 4-12(a)所示。用电子显微镜可以看出回火索氏体中的铁素体已不呈针状形态而成等轴状,如图 4-12(b)所示。

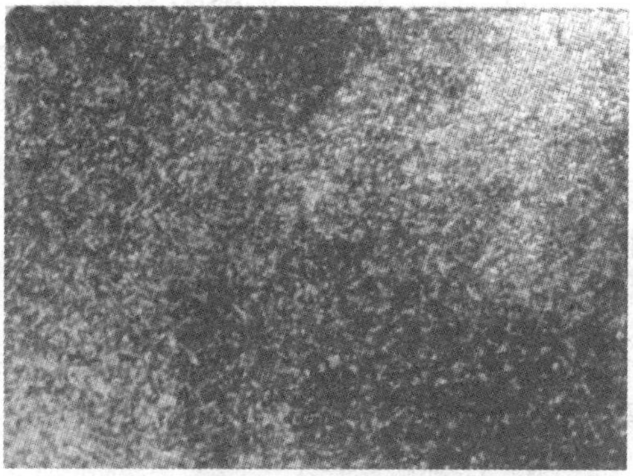

（a）金相组织（回火屈氏体，500×）

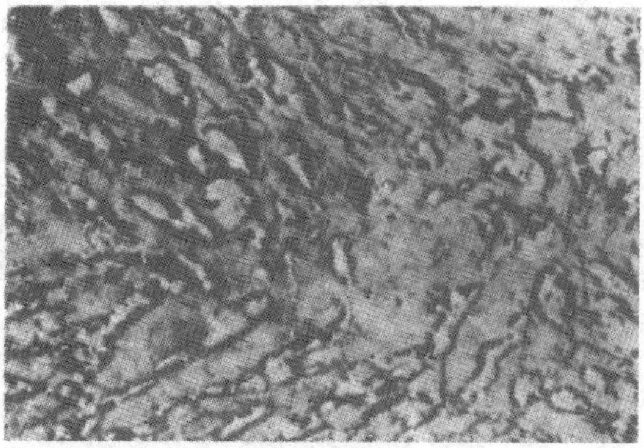

（b）电镜图像（7000×）

图 4－11　45 钢 860℃淬火并 400℃回火后的显微组织

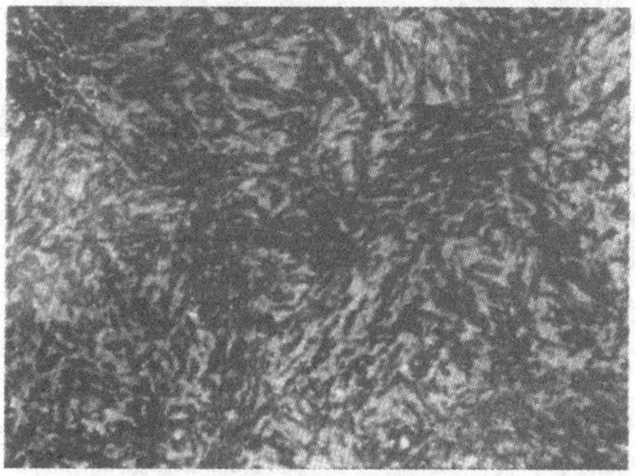

（a）金相组织（回火索氏体，500×）

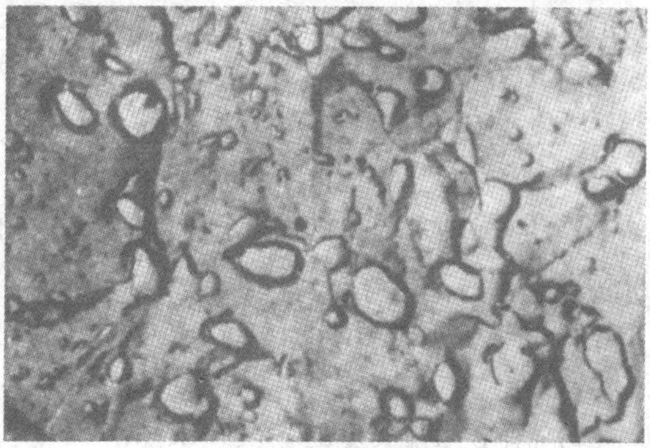

（b）电镜图像（7000×）

图 4－12　45 钢 860℃淬火并 600℃回火后的显微组织

六、实验方法指导

（一）实验内容及步骤

（1）每组领取一套样品，在指定的金相显微镜下进行观察。观察时根据 Fe－Fe_3C 相图和奥氏体等温转变图来分析确定各种组织的形成原因。

（2）画出所观察到的几种典型显微组织形态特征，并注明组织名称、热处理条件及放大倍数等。

（3）本实验所研究的 45 钢及 T12 钢的热处理工艺、显微组织、浸蚀剂及放大倍数列于表 4－2。

（二）实验设备及材料

（1）金相显微镜；

（2）金相图谱及放大金相图片；

（3）各种经不同热处理的显微样品。

（三）注意事项

（1）对各类不同热处理工艺的组织，观察时可采用对比的方式进行分析研究，例如正常淬火与不正常淬火，水淬与油淬，淬火马氏体与回火马氏体等。

表 4－2　45 钢及 T12 钢经不同热处理工艺后的显微组织

编号	热处理工艺	显微组织特征	放大倍数
	45 钢:		
1	退火:860℃炉冷	珠光体＋铁素体(呈亮白色块状)	400×
2	正火:860℃空冷	细珠光体＋铁素体(块状)	500×
3	淬火:760℃水冷	针状马氏体＋部分铁素体(白色块状)	500×
4	860℃水冷	细状马氏体＋残余奥氏体(亮白色)	500×
5	860℃油冷	细状马氏体＋屈氏体(暗黑色块状)	500×
6	1000℃水冷	粗针状马氏体＋残余奥氏体(亮白色)	500×
7	860℃水淬和 200℃回火	细针状回火马氏体(针呈暗黑色)	500×
8	860℃水淬和 400℃回火	针状铁素体＋不规则粒状渗碳体	500×
9	860℃水淬和 600℃回火	等轴状铁素体＋粒状渗碳体	500×
	T12 钢:		
10	退火:760℃球化	铁素体＋球状渗碳体(细粒状)	400×
11	淬火:780℃水冷	细针马氏体＋粒状渗碳体(亮白色)	500×
12	1000℃水冷	粗片马氏体＋残余奥氏体(亮白色)	500×

注:上述所用试样均采用 4% 硝酸酒精溶液作浸蚀剂。

(2) 对各种不同温度回火后的组织,可采用高倍放大进行观察,必要时参考有关金相图谱。

(四) 实验报告要求

(1) 明确本次实验目的。

(2) 画出几种典型的显微组织图。

(3) 分析样品 3 与 4,3 与 5,4 与 5,4 与 7 的异同处,并说明原因。

实验五　结构钢的淬透性测定

一、实 验 目 的

(1) 学会用末端淬火法测定钢的淬透性曲线。

(2) 比较 45 钢和 40Cr 钢的淬透性能。

二、概　　述

淬透性是钢材的一种热处理工艺性能,所谓钢的淬透性就是指钢在淬火时能够得到淬硬层深度的能力,通常用淬透性曲线来表示。钢的淬硬层越深,表明淬透性越好。淬透性的大小对钢的性能和用途有着重要的实际意义,在机械工业中,钢的淬透性已成为机械设计时合理地选择钢材和生产上正确地制定热处理工艺的主要依据之一。

淬透性的判定标准通常规定由钢的表面向里深入到半马氏体区的距离当作淬硬层的深度,并以这个深度作为衡量淬透性的标准。

半马氏体组织的硬度主要取决于钢的含碳量,图 5－1 所示为不同含碳量的碳钢半马氏体的硬度。由图可知,半马氏体的硬度随着碳含量的增加而有规律性地提高。

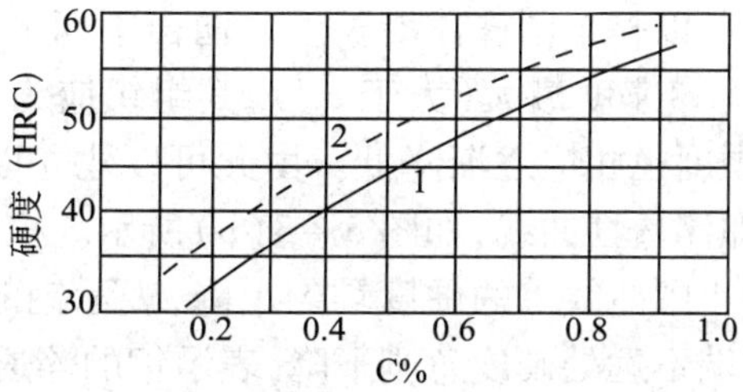

图 5－1　钢的含碳量对马氏体硬度的影响

1－碳钢;2－中低合金钢

三、用末端淬火法测定钢的淬透性曲线

按照国家标准规定,钢的淬透性的测定采用末端淬火试验方法（GB225－1988）,它适用于优质碳素结构钢、合金结构钢、弹簧钢、部分工模具钢、轴承钢及低淬透性结构钢,但不适用于空气淬硬钢和低淬透性钢。下面对末端淬火法加以介绍。

（一）原理

将一个圆柱形试样加热至规定的淬火温度,然后对试样的末端喷水冷却进行淬火,如图 5－2 所示。

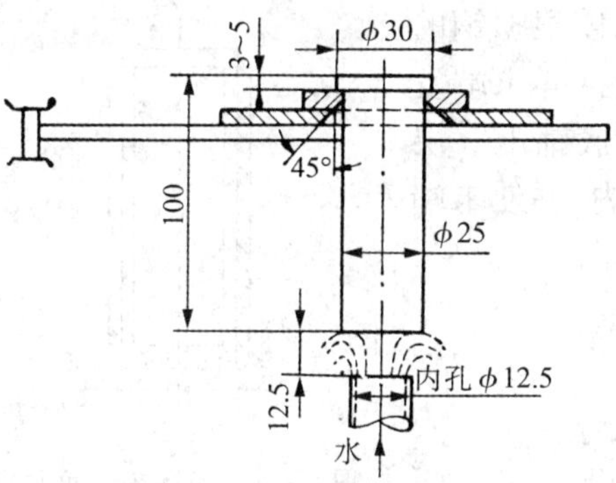

图 5－2　末端淬透性试验示意图

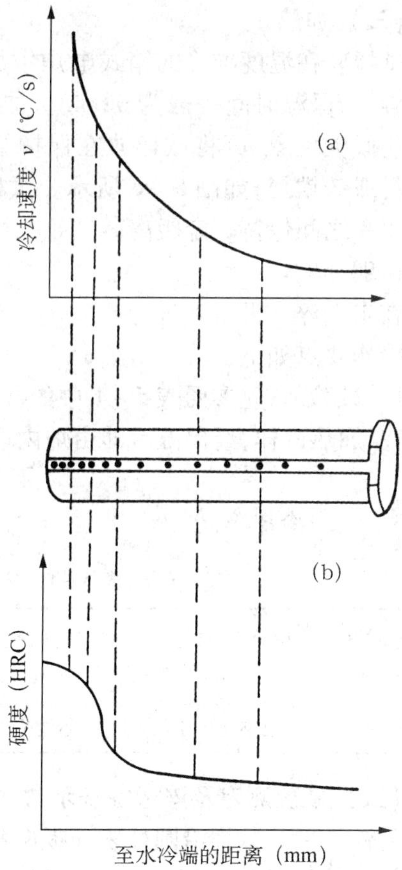

图 5－3　钢淬透性曲线的测定

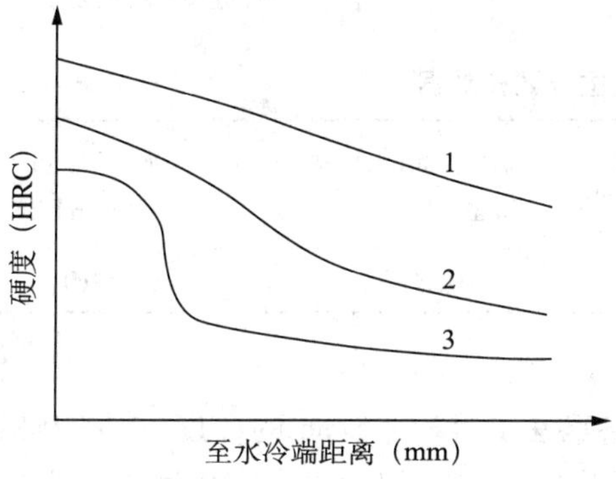

图 5－4　钢的淬透性比较

由于试样仅末端淬火,所以整个圆柱体沿长度方向由下而上冷却速度逐渐减小。如图 5-3(a)所示,显然末端的冷却速度最大(大于 $v_{临}$),其组织应为马氏体,随后为屈氏体,再逐步过渡到原始组织。其硬度也相应逐渐降低。由此可以建立以硬度(HRC)为纵坐标,以距离为横坐标的关系曲线即淬透性曲线,如图 5-3(b)所示。根据淬透性曲线的特征就可以判定钢的淬透性。图 5-4 中曲线 1 的硬度均匀下降,表示钢的淬透性高;曲线 2 属中等程度的淬透性;曲线 3 距末端不远处硬度急剧下降,表示钢的淬透性低。

(二) 试样

按照标准,试样尺寸为 $\phi 25\times 100$mm,离试样顶端 3~5mm 处的直径为 28~32mm,以供淬火时悬挂试样之用,如图 5-5 所示。

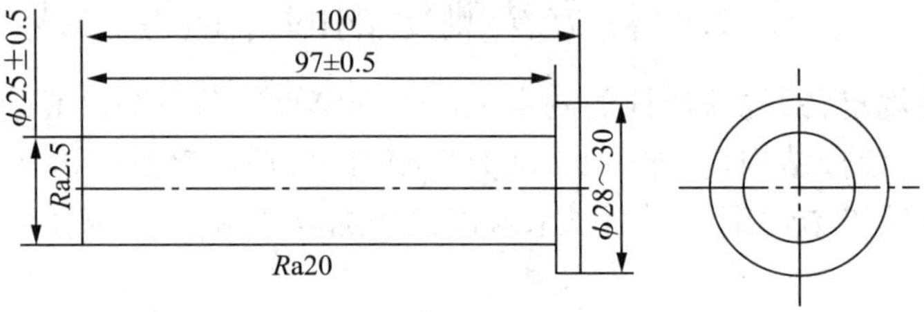

图 5-5　末端淬透性试验标准试样尺寸

(三) 加热

试样应在温度准确的箱式电炉中加热,淬火温度根据钢的成分确定,保温时间一般为 30min。加热时为防止试样末端发生氧化脱碳现象,可将试样放在保护管内,并在管底铺上一层石墨粉或铸铁屑,如图 5-6 所示。试样悬挂在管内,并使末端与石墨粉之间保持一定距离。

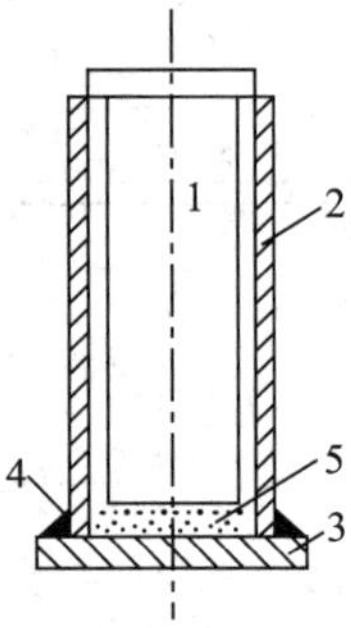

图 5-6　试样在保护管内加热示意图

1-试样;2-钢管;3-钢板;4-焊缝;5-石墨粉

(四) 淬火

在末端淬火设备上进行。

操作要点如下:

1. 试验前,先参照表 5-1 中的数据调整试验设备。
2. 加热试样,经保温后即由炉内取出迅速放入悬挂支架孔中。
3. 喷水冷却淬火。

表 5-1　末端淬火试验的主要调整数据

保温时间 (min)	喷水口内径 (mm)	水柱自由高度 (mm)	喷水口至试样端面的距离 (mm)	喷水时间 (min)
30±5	12.5±0.5	65±5	12.5±0.5	≥10

(五) 硬度测定及淬透性表示法

将淬火后的试样沿圆柱表面纵向相对的两边各磨去 0.4~0.5mm 的深度,以获得相互平行的两平面,便于测定硬度。试样在磨制过程中要进行冷却,以免试样产生回火而影响硬度的测量。

硬度测量时应将试样放在 V 形试样台上，沿试样磨制平面的中心线进行测量。由试样水冷端（即末端）起，每隔 1.5mm 测量一次，当硬度值下降趋于平稳时，可每隔 3mm 测量一次。一般测量至离水冷端 30～40mm 即可。

根据试验所测得的硬度数据与末端距离之间的关系即可画出淬透性曲线。图 5－7（a）与（b）分别为 45 钢和 40Cr 钢的淬透性曲线。由于材料的化学成分有一定波动，硬度值便在一定范围内变化，因此淬透性曲线一般都用两条曲线表示，通常称为淬透性带。

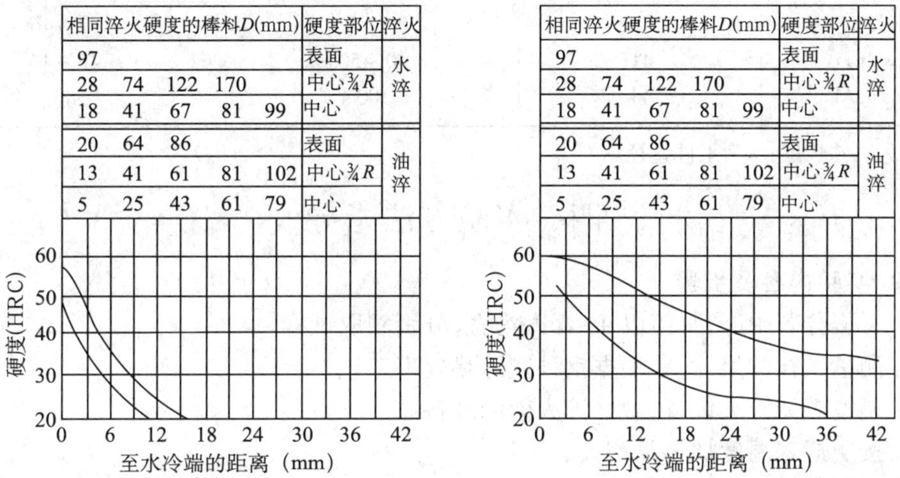

（a）45 钢　　　　（b）40Cr 钢

图 5－7　淬透性曲线

需要指出的是，由末端淬火试验所得到的淬透性曲线并不能直接用来决定可以淬透的工件尺寸大小，还需借助由其他试验法求得的一些辅助曲线（换算曲线）或数据来进行换算。具体方法可查阅有关参考书。

在生产中也常用所谓临界直径（D_c）来表示淬透性。临界直径是指钢材按规定条件淬火后其心部组织恰好获得 50% 马氏体的最大直径。显然，在相同冷却条件下，临界直径越大时，钢的淬透性就越好。表 5－2 列出了一些常用钢在水和油中淬火的临界直径。

掌握临界直径的数据有助于我们判断工件热处理的淬透程度，为正常制定热处理工艺提供必要的技术依据。在机械设计中，临界直径也具有一定的参考价值。

表 5－2　部分常用钢的临界直径（D_c）

钢号	半马氏体区硬度（HRC）	20～40℃水中 D_c（mm）	40～80℃矿油中 D_c（mm）
		$L/D=6$	$L/D=6$
35	38	8～13	4～8
45	42	13～16	5～9
60	47	11～17	6～12
40Mn2	44	55～62	32～46
65Mn	53	25～30	17～25
20Cr	38	12～19	6～12
40Cr	44	30～38	19～28

续表

钢号	半马氏体区硬度(HRC)	20～40℃水中 D_c(mm)	40～80℃矿油中 D_c(mm)
		$L/D=6$	$L/D=6$
40MnB	44	50～55	28～40
40MnVB	44	60～76	40～58
35SiMn	43	40～46	25～34
60Si2Mn	52	55～62	32～46
30CrMnTi	41	40～50	23～40
38CrMoAl	44	100	80

注:L 为工件长度;D 为工件直径。

四、实验方法指导

(一) 实验内容及步骤

(1) 每班分若干组,每组以 4～5 人为宜,分别领取试样。

(2) 测量试样的尺寸,并根据钢种制定热处理工艺。

(3) 调整末端淬火设备,做好淬火前的准备。

(4) 按照规定温度加热及淬火。

(5) 将淬火后的试样两侧各磨去 0.3～0.5mm。

(6) 按规定测量硬度(HRC),并将所得到的数据填入表 5－3 中。

(7) 绘制出淬透性曲线。

表 5－3 所测得的淬透性试验数据

距水冷端距离(mm)		1.5	3	4.5	6	7.5	9	12	15	18	21	……45
硬度值(HRC)	45 钢											
	40Cr 钢											

(二) 实验设备及材料

(1) 箱式电炉;

(2) 末端淬火设备;

(3) 砂轮机;

(4) 洛氏硬度机;

(5) 标准试样(45 钢或 40 钢,40Cr 钢);

(6) 游标卡尺。

(三) 注意事项

(1) 支架必须擦干,并尽量靠近加热炉。

(2) 由炉中取出试样时动作要迅速,放入支架孔中后立即喷水冷却。淬火时间一般为 10～15min。

(3) 喷出的水柱应只与试样端部表面接触,而不应喷在圆柱体侧面上。水箱中的水压应保持稳定,以保证喷出的水柱高度基本不变,冷却均匀。

(4) 在磨制试样两侧平面时要及时进行冷却，以防产生回火现象，影响硬度测定的准确性。

(5) 每次取试样时，炉门打开时间不要过长，以免温度下降过多，影响下一步操作。

(6) 操作时应明确分工，相互配合，动作要协调，以保证整个操作过程的顺利完成。

(四) 实验报告要求

(1) 明确本次实验目的。

(2) 简述末端淬火法的试验原理和方法。

(3) 绘制出45(或40)钢和40Cr钢的淬透性曲线。

(4) 说明钢的淬透性的实际意义。

(5) 实验中存在的问题及体会。

实验六 合金钢、铸铁、有色合金的显微组织观察

一、实验目的

(1) 观察和研究各种不同类型合金材料的显微组织特征。

(2) 了解这些合金材料的成分、显微组织对性能的影响。

二、概述

合金钢的性能之所以比碳钢优越，主要是由于合金元素在钢中所起的作用，它们的加入改变了钢的内部组织与结构，其相变温度也有很大变化。

铸铁的组织(除白口铸铁外)可以认为是在钢的基体上分布着不同形态、尺寸和数量的石墨，其中石墨的形状及数量变化对性能起着重要的作用，所以正确认识和鉴别各类铸铁的金相组织对估计和评定铸铁的质量和性能有着重要意义。

有色金属及合金具有某些独特的优异性能，例如铝合金比重小而强度高；铜及铜合金导电性极好，耐蚀性强；铅与锡合金具有良好的减摩性等，而这些性能特点也无不与其内部组织密切相关。

下面着重研究和分析各种不同类型合金材料的组织特点。

三、合金钢

合金钢的显微组织比碳钢复杂，在合金钢中存在的基本相有：合金铁素体、合金奥氏体、合金碳化物(包括合金渗碳体、特殊碳化物)及金属间化合物等。其中合金铁素体与合金渗碳体及大部分合金碳化物的组织特征与碳钢中的铁素体和渗碳体无明显区别，而金属间化合物的组织形态则随种类不同而各异，合金奥氏体在晶粒内常常存在滑移线和孪晶特征。

(一) 高速钢

高速钢是高合金工具钢，以具有良好的热硬性(或红硬性)著称。这里以典型的W18Cr4V(简称18－4－1)钢为例加以分析研究。

W18Cr4V的化学成分为：0.7%～0.8% C，17.5%～19% W，3.8%～4.4% Cr，1.0%～1.4% V，≤0.3% Mo。由于钢中存在大量的合金元素(大于20%)，因此除了形成合金铁素

体与合金渗碳体外，还会形成各种合金碳化物（如 Fe_4W_2C、VC 等），这些组织特点决定了高速钢具有优良的切削性能。

（1）高速钢的铸态组织：按组织特点分类，高速钢属莱氏体钢，在一般铸造条件下存在以具有鱼骨状碳化物为特征的共晶莱氏体组织。图 6－1 所示为 W18Cr4V 钢的铸态组织。在显微镜下观察时，除共晶莱氏体外还有部分呈暗色的 δ 共析体组织和少量马氏体（呈亮白色部分）。

（2）高速钢的退火组织：高速钢铸态组织极不均匀，特别是共晶组织中粗大碳化物的存在，使钢的性能显著降低，因此，高速钢铸造后必须经过锻造、退火，以改善碳化物的分布状况。图 6－2 所示为 W18Cr4V 钢经锻造及退火后的显微组织，组织中呈亮白色较大块状为一次碳化物，较细小块状为二次碳化物，基体组织是索氏体。

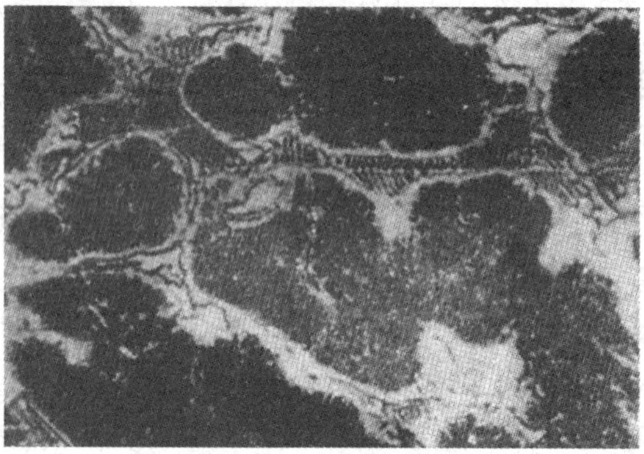

浸蚀剂：4% 硝酸酒精溶液

图 6－1　W18Cr4V 钢铸造状态的显微组织（800×）

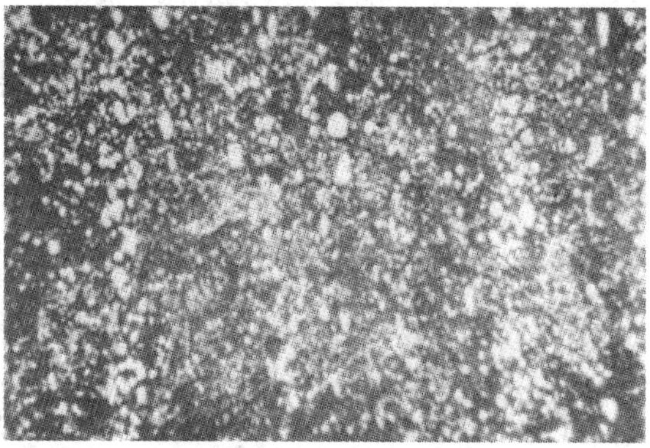

浸蚀剂：4% 硝酸酒精溶液

图 6－2　W18Cr4V 钢经锻造及退火后的显微组织（500×）

（3）高速钢淬火及回火后的组织：高速钢优良的热硬性及高的耐磨性，只有经淬火及回火后才能获得。W18Cr4V 钢通常采用较高的淬火温度（1270～1280℃），以保证奥氏体充分合金化，淬火时可在油中或空气中冷却，图 6－3 为 W18Cr4V 钢经 1270～1280℃ 淬火后的显微组织，其组织为在马氏体及残余奥氏体的基体上分布有一次碳化物颗粒。在金相显微镜下观察时，马氏体不易显示。

高速钢经淬火后组织中存在相当数量（约 30%～40%）的残余奥氏体，需经 560℃ 回火（一般 2～3 次）加以消除。回火时马氏体和部分残余奥氏体中析出高度分散的碳化物，降低了残余奥氏体中碳和合金元素的含量，使其稳定性降低，在冷却过程中这些奥氏体就会转变成马氏体。

图 6－4 所示为 W18Cr4V 钢经淬火及 560℃ 回火后的显微组织，其中亮白色块状的为合金碳化物（W_2C、V_4C_3），暗黑色基底是回火马氏体和少量残余奥氏体。

（二）不锈钢

不锈钢在大气、海水及化学介质中具有良好的抗腐蚀能力。这里以 1Cr18Ni9Ti 钢为例加以分析研究。

该钢的化学成分为：≤0.12% C，17%～19% Cr，8%～11% Ni，0.6%～0.9% Ti。铬在钢中的主要作用是产生钝化作用，提高电极电位而使钢的抗蚀性加强。镍的加入在于扩大 γ 区及降低 M_s 点，以保证室温下具有奥氏体组织。

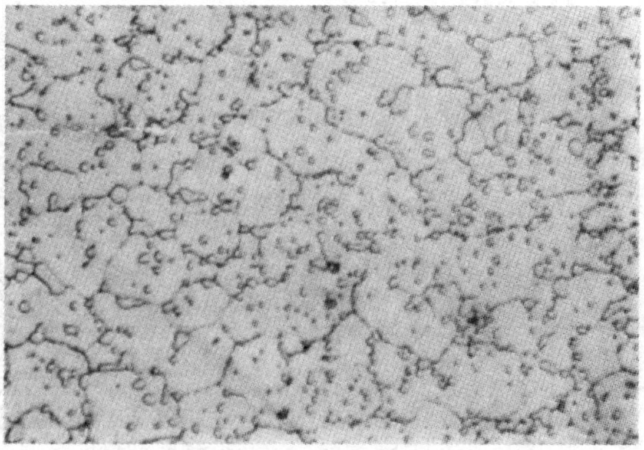

浸蚀剂:4%硝酸酒精溶液

图 6-3　W18Cr4V 钢经 1270~1280℃淬火后的显微组织(500×)

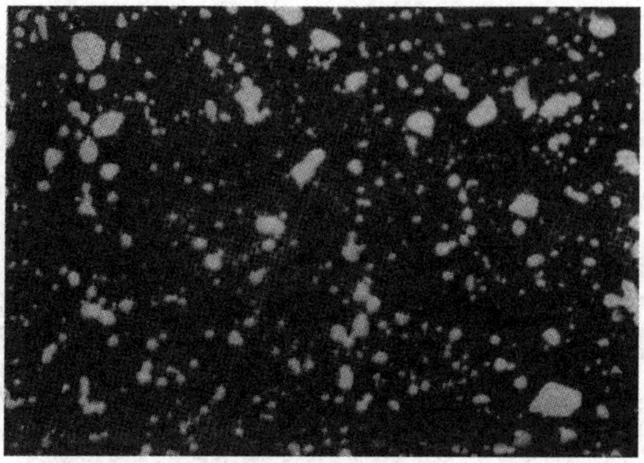

浸蚀剂:4%硝酸酒精溶液

图 6-4　W18Cr4V 钢经淬火及三次回火后的显微组织(500×)

1Cr18Ni9Ti 钢的热处理方法是进行固溶处理(1050~1100℃水淬)。图 6-5 所示为该钢经 1050~1100℃水淬后的显微组织。组织呈现出单一奥氏体晶粒,并有明显的孪晶。

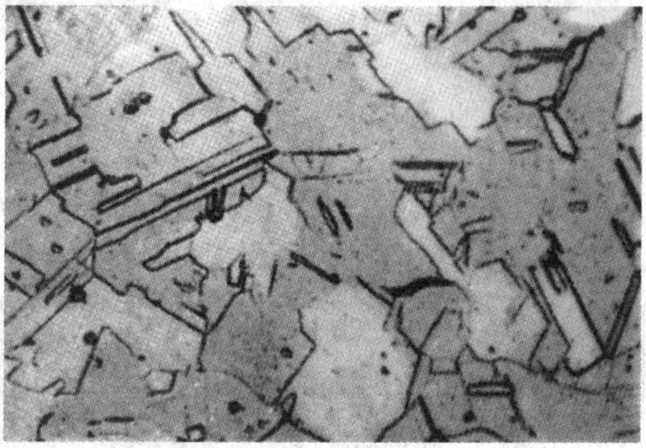

浸蚀剂:王水(HCl 3 份 + HNO_3 1 份)溶液

图 6-5　1Cr18Ni9Ti 钢经 1050~1100℃水淬后的显微组织(500×)

四、铸　　铁

根据石墨的形态、大小和分布情况不同,铸铁分为:灰口铸铁(石墨呈片条状),可锻铸铁(石墨呈团絮状)和球墨铸铁(石墨呈圆球状)。

(一) 灰口铸铁

灰口铸铁组织的特征是在钢的基体上分布着片状石墨。根据石墨化程度及基本组织的不同,灰口铸铁可分为:铁素体灰口铸铁,铁素体-珠光体灰口铸铁和珠光体灰口铸铁。

图 6-6 所示为铁素体灰口铸铁的显微组织,其中石墨呈黑灰色条片状分布在亮白色的铁素体基体上。

图 6-7 所示为铁素体-珠光体灰口铸铁的显微组织,其中除黑色条片状石墨外,暗黑色基底为珠光体,亮白色部分为铁素体。

浸蚀剂:4%硝酸酒精溶液

图 6-6 铁素体灰口铸铁的显微组织(100×)

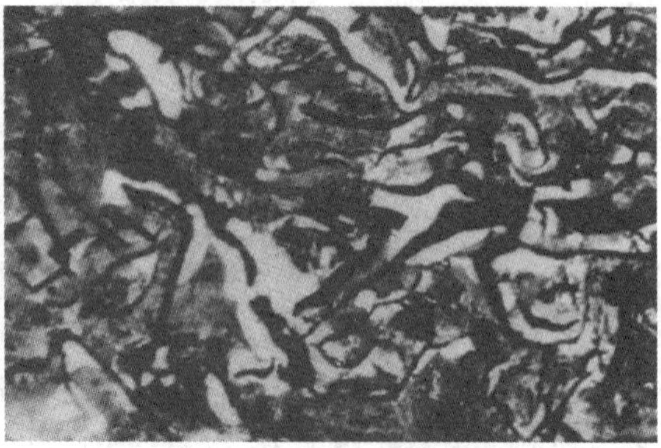

浸蚀剂:4%硝酸酒精溶液

图 6-7 铁素体-珠光体灰口铸铁的显微组织(100×)

(二) 可锻铸铁

可锻铸铁(又称韧性铸铁)是由白口铸铁经石墨化退火处理而得,其中渗碳体发生分解而形成团絮状石墨。按照基体组织不同,可锻铸铁分为铁素体可锻铸铁和珠光体可锻铸铁两类,如图 6-8 所示。

图 6-8(a)为铁素体可锻铸铁的显微组织,其中石墨呈暗灰色团絮状,亮白色晶粒为基体铁素体。

图 6-8(b)为珠光体可锻铸铁的显微组织,在珠光体基体上分布着黑灰色的团絮状石墨。

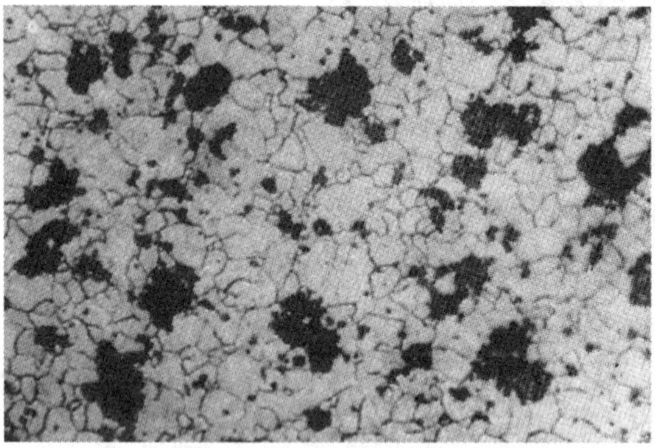

(a) 铁素体基体可锻铸铁(100×)
浸蚀剂:4%硝酸酒精溶液

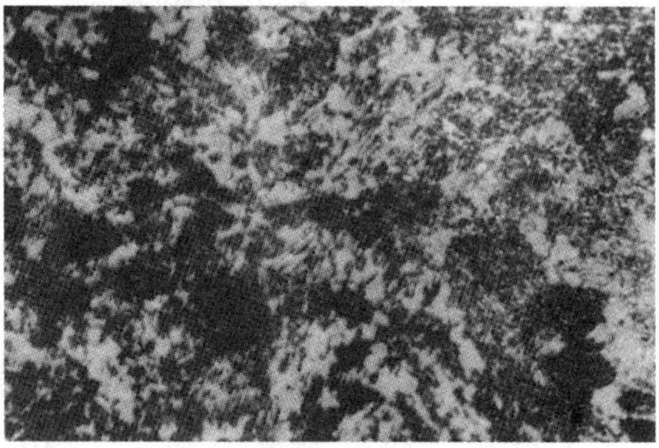

(b) 珠光体基体可锻铸铁(100×)
浸蚀剂:4%硝酸酒精溶液

图 6-8 可锻铸铁的显微组织

(三) 球墨铸铁

在球墨铸铁组织中石墨呈圆球状。球状石墨的存在可使铸铁内部的应力集中现象得到改善,同时减轻了对基体的割裂作用,从而充分地发挥了基体性能的潜力,使球墨铸铁获得很高的强度和一定的韧性。

球墨铸铁的显微组织如图 6-9 所示。

图 6-9(a)为铁素体基体球墨铸铁的显微组织,其中亮白色晶粒为铁素体基体,黑灰色圆球状为石墨。

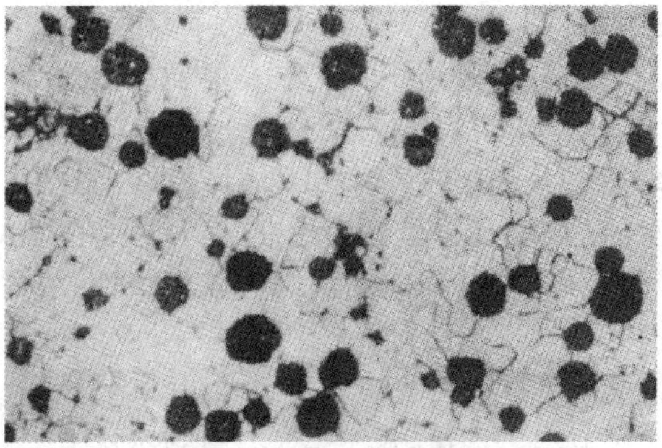

（a）铁素体基体球墨铸铁（100×）
浸蚀剂：4%硝酸酒精溶液

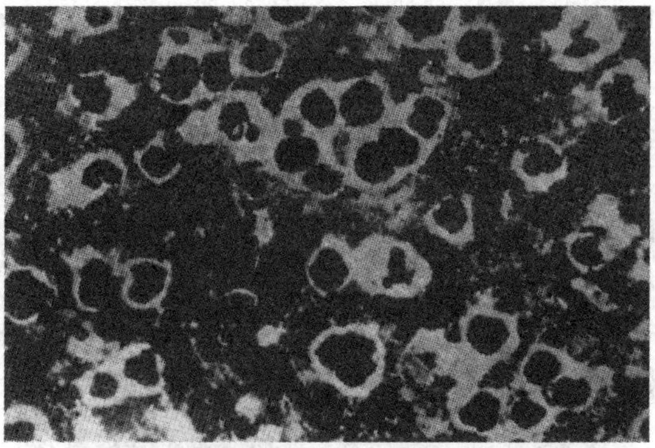

（b）铁素体－珠光体基体球墨铸铁（100×）
浸蚀剂：4%硝酸酒精溶液

图6－9　球墨铸铁的显微组织

图6－9（b）为铁素体－珠光体基体球墨铸铁的显微组织，其中呈暗黑色基底为珠光体。分布在圆珠状石墨周围的亮白色基体是铁素体。

五、有色合金

（一）铝合金

在铸造铝合金中应用最广的是铝－硅系合金（含10%～13%Si），常称“硅铝明”。由Al－Si合金相图可知该成分在共晶点附近，所以组织中均有由α固溶体和粗针状硅晶体组成的共晶体及少量呈多面体状的初生硅晶体，其显微组织如6－10（a）所示。这种粗大针状硅晶体显然会使合金的塑性降低，为了改善合金的性能，通常采用“变质处理”。经变质处理后，不仅组织细化，还可得到由枝晶状的α固溶体和细密共晶体组成的亚共晶组织，如图6－10（b）所示。这样的组织相应地提高了铝合金的强度和塑性。

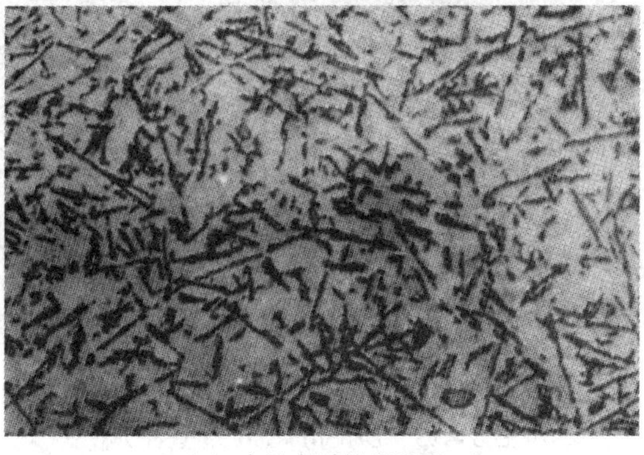

（a）未经变质处理（100×）
浸蚀剂：0.5%HF溶液

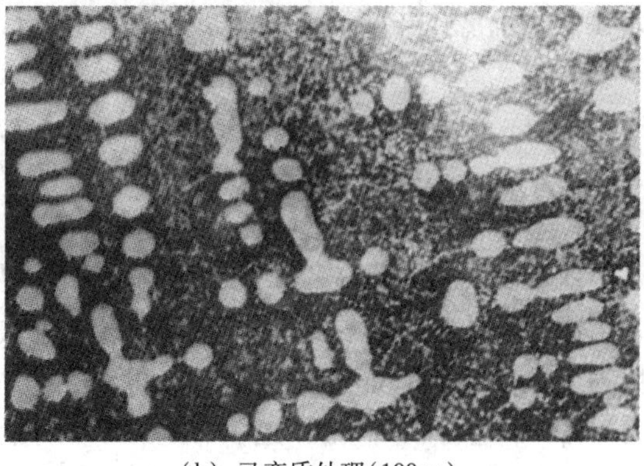

（b）已变质处理（100×）
浸蚀剂：0.5%HF溶液

图6－10　铸造铝合金（ZL102）的显微组织

（二）铜合金

工业上广泛使用的铜合金有铜锌合金（黄铜）、铜锡合金（锡青铜）、铜铝合金（铝青铜）以及铜铍合金（铍青铜）、铜镍合金（白铜）等。这里以黄铜为例加以分析研究。

常用的黄铜中含锌量均在45%以下。由Cu－Zn合金相图可知，含锌少于39%的黄铜

均呈 α 固溶体单相组织，称为 α 黄铜（或单相黄铜）。

图 6 – 11 所示为单相黄铜（H70）经变形及退火后的显微组织。其中 α 晶粒呈多边形，并具有明显的孪晶。

含锌量在 39 ~ 45% 的黄铜呈 α + β 两相组织，称为（α + β）黄铜（或两相黄铜）。图 6 – 12 所示为两相黄铜（H62）在铸造状态的显微组织。其中 α 相呈亮白色，β 相为暗黑色。β 相是以 CuZn 电子化合物为基的固溶体，在低温时性硬而脆，而在高温则有较好塑性，故适于进行热加工。

浸蚀剂：3% $FeCl_3$ + 10% HCl 溶液

图 6 – 11　α 单相黄铜（H70）的显微组织（100 ×）

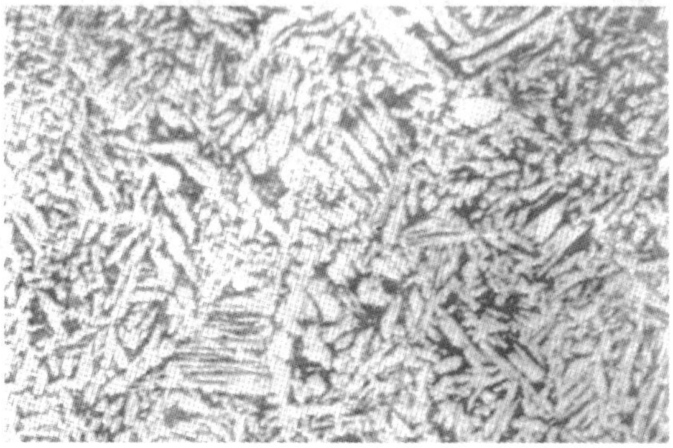

浸蚀剂：3% $FeCl_3$ + 10% HCl 溶液

图 6 – 12　α + β 两相黄铜（H62）的显微组织（100 ×）

（三）轴承合金

轴承合金又称巴氏合金，通常用来制造滑动轴承的轴瓦及其内衬。轴瓦材料应同时兼有硬和软两种性质，因此轴承合金理想的组织应该是由软硬不同的相组成的混合物，例如在软而有塑性的基体上分布着硬的质点。以铅或锡为基的轴承合金具有满足上述要求的组织特征。最常用的锡基轴承合金为 ZSnSb11Cu6。该合金的成分中除基本元素 Sn 外，还含有 11% Sb 及 6% Cu。

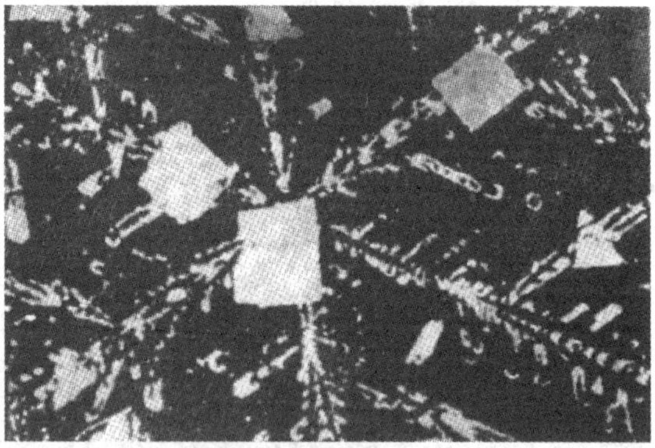

浸蚀剂：4% 硝酸酒精溶液

图 6 – 13　ZSnSb11Cu6 合金的显微组织（100 ×）

图 6 – 13 所示为 ZSnSb11Cu6 合金的显微组织，其中暗黑色的为软基体 α 相，白色块状为硬质点 β′相，而白亮针状及星形析出物为 Cu_6Sn_5 化合物 η 相。这种既硬又软的混合相组织，保证了轴承合金具有足够的强度与塑性的配合以及良好的减摩性。

六、实验方法指导

（一）实验内容及步骤

（1）各小组分别领取各种不同类型的合金材料试样。

（2）在显微镜下进行观察，并分析其组织形态特征。

（二）实验设备及材料

（1）金相显微镜；

（2）金相图谱及金相放大照片；

（3）各类合金材料的金相显微试样（详见下表）。

（三）注意事项

（1）对各类成分的合金可采用对比方法进行分析研究，着重区别各自的组织形态特点。

（2）结合相图分析各类合金应该具备的显微组织。

（四）实验报告要求

（1）明确本次实验目的。

（2）根据观察，综合分析各类合金的显微组织特征以及组织对性能的影响。

各类合金材料的金相试样表

材料	编号	名称	热处理状态	金相显微组织特征	浸蚀剂
合金钢	1	高速钢（W18Cr4V）	铸态	共晶莱氏体（鱼骨状）+屈氏体（暗黑色）+马氏体	4%硝酸酒精溶液
	2	高速钢（W18Cr4V）	锻造+退火	索氏体（暗黑色基体）+碳化物（白色块状）	4%硝酸酒精溶液
	3	高速钢（W18Cr4V）	淬火	马氏体+残余奥氏体+碳化物（颗粒状）	4%硝酸酒精溶液
	4	高速钢（W18Cr4V）	淬火+三次回火	回火马氏体（暗黑色基体）+碳化物（白色粒状）	4%硝酸酒精溶液
	5	不锈钢（1Cr18Ni9Ti）	水淬	奥氏体（具有孪晶）	王水溶液
铸铁	6	F基体灰口铸铁	铸态	铁素体（亮白色基体）+条片状石墨	4%硝酸酒精溶液
	7	F+P基体灰口铸铁	铸态	铁素体（亮白色）+珠光体（暗灰色）+条片状石墨	4%硝酸酒精溶液
	8	F基体可锻铸铁	退火	铁素体（亮白色晶粒）+团絮状石墨	4%硝酸酒精溶液
	9	P基体可锻铸铁	退火	珠光体（暗黑色）+团絮状石墨	4%硝酸酒精溶液
	10	F基体球墨铸铁	铸态	铁素体（亮色晶粒）+圆球状石墨	4%硝酸酒精溶液
	11	F+P基体球墨铸铁	铸态	珠光体（暗黑色）+铁素体（亮白色）+球状石墨	4%硝酸酒精溶液
有色合金	12	铝合金（未变质）	铸态	初晶硅（针状）+（α+Si）共晶体（亮白色基体）	0.5%HF水溶液
	13	铝合金（已变质）	铸态	α（枝晶状）+共晶体（细密基体）	0.5%HF溶液
	14	α黄铜	退火	α固溶体（具有孪晶）	3% $FeCl_3$、10% HCl溶液
	15	α+β黄铜	铸态	α（亮白色）+β（暗黑色）	3% $FeCl_3$、10% HCl溶液
	16	锡基轴承合金	铸态	α（暗黑色）+β（白色块状）+ Cu_3Sn（针状、星形）	4%硝酸酒精溶液

附　表

附表 1　金属材料常用的浸蚀剂

浸蚀剂名称	成分	浸蚀条件	适用范围
一、钢铁材料常用的浸蚀剂			
硝酸酒精溶液	硝酸 1 ~ 5ml 酒精 100ml	硝酸含量增加时浸蚀速度加快，浸蚀时间自数秒至 60s	适用于显示碳钢及合金结构钢经不同热处理的组织。显示铁素体晶界特别清晰
苦味酸酒精溶液	苦味酸 4g 酒精 100ml	有时可用较淡溶液浸蚀数秒至数分钟	能显示碳钢、低合金钢各种热处理组织，特别是显示细珠光体和碳化物。显示铁素体晶界效果不如硝酸酒精溶液
苦味酸碱性溶液	苦味酸 2 ~ 5g 苛性钠 20 ~ 25g 蒸馏水 100ml	加热至 60℃ 使用，浸蚀时间为 5 ~ 30min	渗碳体呈暗黑色，铁素体不着色，屈氏体为亮灰色，回火马氏体比淬火马氏体更暗。可显示铸铁枝晶组织
混合酸酒精溶液	盐酸 5ml 苦味酸 1g 酒精 100ml	浸蚀时间：回火组织需 15min，显示晶粒大小自数秒至 1min	显示淬火及回火后奥氏体晶粒，显示回火马氏体组织（200 ~ 450℃ 回火）
混合酸酒精溶液	盐酸 10ml 硝酸 3ml 酒精 10ml	浸蚀 2 ~ 10min	显示高速钢淬火及淬火回火后晶粒大小
王水溶液	盐酸（相对密度 1.19）3 份 硝酸（相对密度 1.42）1 份	浸入试剂内数次，每次浸蚀 2 ~ 3s，并抛光，用水和酒精冲洗	显示各类高合金钢组织，用于 Cr - Ni 不锈钢的组织显示，晶界、碳化物析出物特别清晰
水杨酸	水杨酸 10g 酒精 100ml	用棉球浸蚀数分钟	显示钢及铸铁的一般组织，受浸蚀的珠光体较清晰
二、有色金属材料常用的浸蚀剂			
氯化铁、盐酸溶液	配方 (a) (b) (c) $FeCl_3$(g) 1 5 25 HCl(ml) 20 10 25 H_2O(ml) 100 100 100	先擦拭，再浸入试剂中 1 ~ 2min	显示黄铜、青铜的晶界，使两相黄铜中的 β 相发暗，铸造青铜枝晶组织图像清晰
氢氧化氨、双氧水溶液	NH_4OH（相对密度 0.88）5 份 H_2O_2（3%）5 份 H_2O 5 份	用棉花蘸上浸蚀剂擦拭，为获得较佳效果，应使用新配的 H_2O_2	适用于纯铜及单相、多相铜合金组织的显示
氢氟酸水溶液	HF（浓）0.5ml H_2O 99.5ml	用棉花蘸上试剂擦拭 10 ~ 20s	可显示铝及铝合金的一般显微组织
浓混合酸溶液	HF（浓）10ml HCl（浓）15ml HNO_3（浓）25ml H_2O 50ml	此液作粗视浸蚀用；若作显微组织，则浸蚀可用水按 9:1 冲淡	是显示轴承合金粗视组织和显微组织的最佳浸蚀剂

附表 2　各种硬度(布氏、洛氏、维氏)换算表

布氏硬度 $HB_{10/3000}$	洛氏硬度		维氏硬度 HV	布氏硬度 $HB_{10/3000}$	洛氏硬度		维氏硬度 HV
	HRA	HRC			HRA	HRC	
—	85.5	68	909	401	72.1	43	416
—	85.0	67	879	391	71.6	42	404
—	84.4	66	850	380	71.1	41	393
—	83.9	65	822	370	70.5	40	381
—	83.3	64	795	360	70	39	371
—	82.8	63	770	350	-69.5	38	360
—	82.2	62	745	341	69	37	350
—	81.7	61	721	332	68.4	36	340
—	81.2	60	698	323	67.9	35	331
—	80.6	59	676	314	67.4	34	321
—	80.1	58	655	306	66.9	33	313
—	79.5	57	635	298	66.4	32	304
—	79	56	615	291	65.8	31	296
—	78.5	55	596	283	65.3	30	288
—	77.9	54	578	276	64.8	29	280
—	77.4	53	561	269	64.3	28	273
—	76.9	52	544	263	63.3	27	266
—	76.3	51	527	257	63.3	26	259
—	75.8	50	512	251	62.8	25	253
—	75.3	49	497	245	62.2	24	247
—	74.7	48	482	240	61.7	23	241
449	74.2	47	468	234	61.2	22	235
436	73.7	46	454	229	60.7	21	230
424	73.2	45	441	225	60.2	20	226
413	72.6	44	428				

注:本表摘自国家标准 GB1172－1999 中所列的数据,适合于碳钢、合金钢等。